Wegweiser
Auf Tour mit dem GPS-Empfänger

Das Handbuch zum Navigieren im Gelände

Kompass Wegweiser

Auf Tour mit dem GPS-Empfänger

und anderen Hilfsmitteln
zur Orientierung

dargestellt von
Manfred Feller

KOMPASS

Kleine Bücherei für Hobby und Freizeit

2. Auflage 2005 ISBN 3-85491-794-5 Verlagsnummer 1420

© KOMPASS - Karten GmbH, Kaplanstraße 2, 6063 Rum/Innsbruck (Österreich)
Telefon 0043 - (0)512 - 265561-0 • Fax 0043 (0)512 - 265561-8
E-mail: kompass@kompass.at
http://www.kompass.at

Inhaltsverzeichnis

GPS (**G**lobal **P**ositioning **S**ystem
System zur weltweiten Standortbestimmung).

1 Wie funktioniert das GPS ?

Mit Hilfe eines GPS-Empfängers sind Sie in der Lage auf der ganzen Welt Ihren genauen Standort zu bestimmen. Darüber hinaus können Sie Ziele vorgeben, der GPS-Empfänger bringt Sie exakt dorthin. Sie können Punkte zu einer Route zusammenstellen und sich vom GPS-Empfänger führen lassen, dabei erfolgt eine automatische Aufzeichnung des zurückgelegten Weges.

Wie aber schafft das der GPS-Empfänger? Im Prinzip arbeitet das GPS wie ein Radio. Nur sind es digital verschlüsselte Daten, die Satelliten zu Ihrem GPS-Empfänger senden. Dazu umkreisen gegenwärtig 28 Satelliten auf sechs elliptischen Bahnen in 20 000 Kilometern Höhe die Erde. Jeder benötigt zu einer Erdumkreisung etwa 12 Stunden. Die von dem Satelliten zum Empfänger gesendeten Signale beinhalten die genaue Position des Satelliten mit einer Zeitangabe. Aus der Differenz der Zeitangabe vom Senden des Signals bis zum Empfang berechnet der GPS-Empfänger die genau Entfernung. Für eine Standortbestimmung benötigt der GPS-Empfänger die Daten von mindest drei Satelliten. Zur Berechnung der Höhe wird ein weiterer Satellit gebraucht.

Zeigt der GPS-Empfänger an, daß nur zwei Satelliten für die Messung zur Verfügung stehen (GPS-Empfänger Anzeige: **2D Diff** oder **2 Status**) so wird neben der Höhenanzeige auch die Genauigkeit der Positionsbestimmung beeinträchtigt.

Das ganze System der Standortbestimmung funktioniert natürlich nur, wenn der GPS-Empfänger auch das Signal empfangen kann. Abgesehen von örtlichen Abschattungen wie Berge oder Häuser sind die Bahnen so angelegt, daß mindestens vier Satelliten über den Horizont für eine Standortbestimmung zur Verfügung stehen.

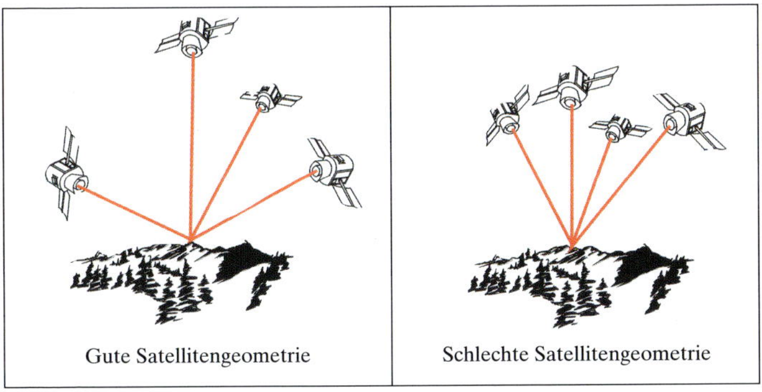

Bild 1 Einfluß der Satellitengeometrie auf die Genauigkeit der Positionsbestimmung

Auch die Satellitengeometrie – was besonders bei der Interpretation der Empfängeranzeige von Bedeutung ist – beeinflußt das Ergebnis der Positionsbestimmung. Optimal ist die Verteilung (Bild 1), wenn sich ein Satellit direkt über dem Empfänger befindet und drei Satelliten ein gleichseitiges Dreieck bilden (GPS-Anzeige: DOP-Faktor = 1). Schlecht ist es, wenn die Satelliten dicht beieinander liegen (hohe DOP-Werte).

2 Nie wieder verlaufen und was sonst noch mit dem GPS-Empfänger möglich ist

Die Anwendungsmöglichkeiten der GPS-Empfänger sind heute so vielseitig, daß eine Aufzählung den Rahmen des Buches sprengen würde. Die nachfolgenden Beispiele bedeuten deshalb nur eine kleine Auswahl. Vielleicht erhalten Sie eine Anregung für eine weitere Nutzung Ihres GPS-Empfängers. Natürlich lassen sich die Möglichkeiten eines GPS-Empfängers nur ausschöpfen, wenn Sie auch über das betreffende Wissen verfügen und dieses will Ihnen das Buch vermitteln.

Bei Wanderungen

Immer mehr Wanderer benutzen den GPS-Empfänger bei Ihren Touren. Er ist leicht und kostet nicht wesentlich mehr als ein guter Kompaß. Fast jede Outdooraufgabe läßt sich damit bewältigen. Ein Verirren ist so gut wie ausgeschlossen. Eine exakte Planung jeder Wanderung im Voraus ist gewährleistet. Markieren Sie die Gefahrenstellen, interessante Orientierungspunkte, Waldhütten, Aussichtspunkte und sonstige Sehenswürdigkeiten, damit Sie Ihr Ziel, bei Erfordernis auch in der Nacht und bei Nebel, sicher erreichen. Während der Tour können Sie auf der Kartenseite ständig die gelaufene Strecke mit der geplanten Strecke vergleichen, Abweichungen kommen zur Anzeige. Die gelaufene Strecke und die Entfernung zum nächsten Ziel wird dazu noch parallel ausgegeben. Auch etwas für Sonntagswanderer, schnell und einfach stellen Sie Ihre Wanderung zusammen. Mit einem gekoppelten Handheld PC z.B. den Palm läßt sich sogar ständig der genaue aktuelle Standort auf der gescannten Karte darstellen. Mit Hilfe des GPS finden Sie garantiert zu dem im Wald abgestellten Auto zurück. Auch eine absolvierte, gut gefallene Wanderung sowie Ihre Pilz-, Pflanzen-, und Beerenplätze brauchen Sie im nächsten Jahr nicht mehr stundenlang zu suchen. Sie aktivieren schnell die TrackBack Funktion oder markieren einfach mit einem Tastendruck Ihre aktuelle Position als Koordinate und speichern die Werte. Jeder GPS-Empfänger bringt Sie später fast auf den Meter genau zur gewünschten Stelle.

Gebirgswanderungen und Skitouren

Besonders bei Gebirgswanderungen oder Skitouren erweist sich der GPS-Empfänger als unverzichtbarer Helfer. Viele der heutigen Wanderkarten enthalten bereits Angaben über die Koordinaten der interessantesten Aussichtspunkte, Naturdenkmale oder sonstigen Sehenswürdigkeiten. Sie brauchen nur in den GPS-Empfänger eingegeben zu werden. Ohne sich zu verlaufen, gelangen Sie geradewegs dorthin. Auch bei einem plötzlichen Witterungsumschwung, Einsetzen von Nebel oder Schneefall kennen Sie immer Ihren momentanen Standort und bekommen den Weg zum Ziel oder Rückweg angezeigt. Ein Kompaß oder Höhenmesser könnte es nicht. Auch wenn Sie die Tour nicht umfassend geplant haben, bringt Sie die Trackback-Funktion in jedem Fall sicher zum Ausgangspunkt zurück. Sollte ein Notfall eintreten, können Sie aufgrund exakter Positionsangaben eine zielgerichtete Hilfe rufen.

Für Radfahrer, Biker und Motorradfahrer

Der GPS-Empfänger, mit einem entsprechenden Halter an der Lenkstange befestigt, übertrifft jeden Fahrradcomputer. Er informiert über die Geschwindigkeit, Durchschnitts- und Höchstgeschwindigkeit, berechnet die gefahrene Wegstrecke und die verbleibende Strecke bis zum Ziel einschließlich der Ankunftszeit. Lassen Sie sich ansprechende Touren mit dem Tracklog automatisch aufzeichnen und überspielen diese zu Hause auf den PC. Sie können dann die Tour zu jedem beliebigen Zeitpunkt erneut in den GPS-Empfänger laden oder einem Freund übermitteln. Verfügen Sie über einen GPS-Empfänger mit Höhenspeicherung, so ist ein korrektes Höhenprofil der absolvierten Strecke abrufbar.

Als Reisender und Fußgänger in einer fremden Stadt

Schon während einer Bus- oder Flugzeugreise können Sie genau die Geschwindigkeit und aktuelle Position kontrollieren. Entnehmen Sie vorher die Zielkoordinaten einem Atlas, Reiseführer oder dem Internet, so werden auch die Entfernung und die voraussichtliche Ankunftszeit dargestellt. Dazu bringen Sie den GPS-Empfänger in Fensternähe unter. Sind Sie mit einer Reisegruppe in der fremden Stadt, wird einfach der Treffpunkt, an dem Sie später der Bus abholt, gespeichert. Markieren Sie den Parkplatz von Ihrem Auto. Entnehmen Sie den Karten oder dem Internet die Positionen der Sehenswürdigkeiten, Hotels, Restaurants, Kinos, Theater. Besitzt Ihr GPS-Empfänger eine integrierte Basiskarte (Basemap) so geht es noch einfacher. Auf Knopfdruck führt Sie der GPS-Empfänger ohne Schwierigkeit zu Hotels, Restaurants, Tankstellen, Werkstätten usw. Mit einem angeschlossenen Palm werden Sie ohne Probleme zu jeder gewünschten Straße geführt.

Zu Wasser

Nicht mehr wegzudenken ist die GPS-Navigation auf hoher See. Eine exakte Positionsbestimmung, bequeme Wegpunkt- und Routennavigation bedeuten einen beachtlichen Sicherheitsgewinn. Zusatzfunktionen wie Kursaufzeichnungen, Kursversatz- und Ankeralarm, Warnung vor Gefahrenwegpunkten und MOB-Funktion sind wertvolle Ergänzungen. Wie üblich läßt sich die zurückgelegte Tagesetappe in nautischen Einheiten, nebst Tagesmeilen, maximaler Geschwindigkeit und Durchschnittsgeschwindigkeit anzeigen. Jedes gespeicherte Ziel ist über große Entfernungen zielgenau ansteuerbar, auch über die etwaige Ankunftszeit erhalten Sie eine Information. Nachtfahrten oder Nebel sind nun kein Problem mehr. Speichern Sie einfach schöne Buchten, Liege- und Tauchplätze für den nächsten Urlaub. Verwenden Sie einen GPS-Empfänger mit Kartenfunktionen, so lassen sich sogar Seekarten laden.

Jäger und Angler

Sie wollen in der Nacht zum Hochsitz, kein Problem. Am Tag wird die Strecke abgeschritten und dabei als TrackBack-Route gespeichert. In der Nacht braucht sie nur aktiviert zu werden und schon bringt Sie der Empfänger zum gewünschten Ort. Gleichzeitig informiert er über den Sonnenauf- und Untergang. Einige GPS-Empfänger verfügen dazu noch über einen Rechner für Fischer und Jäger, der auf der Auswertung der Mondphase, Mondauf- und Untergang basiert. Daraus errechnet er nach der Salunar-Theorie empfehlenswerte Zeiten der Jagd und des Fischens.

Straßennavigation

Falls Sie meinen, Straßennavigationsgeräte wären sehr teuer, so ist es falsch. Auch hier kann der einfache GPS-Empfänger helfen. Ein GPS-Handempfänger mit Kartendarstellung oder GPS-Empfänger und Handheld PC ersetzt weitestgehend einen im Fahrzeug integrierten Navigator. Sie können ihn dazu noch tragen. Nur in engen Straßen kann er nicht mithalten. Zusätzliche geladene Detailkarten geleiten Sie durch die Stadt. Besitzen Sie einen Palm oder einen anderen Handheld PC, so brauchen Sie mit einer entsprechenden Software nur die gesuchte Straße auszuwählen und ein Pfeil weist Sie bei der Wanderung oder Fahrt durch eine Stadt bis zum Ziel. Ständig wird dabei der momentane Standort auf der Straßenkarte angezeigt.

3 Was der GPS-Empfänger alles kann.

Der GPS-Empfänger ist nicht nur ein außerordentlich genaues Navigationsgerät, er bietet darüber hinaus weitere, für den Nutzer recht interessante Funktionen an.

- Standortanzeige in Gitter- oder geographischen Koordinaten,
- Höhenanzeige,
- Kompaßdarstellung,
- Peilungskurs (Marschrichtungszahl) zum Ziel oder zum Wegpunkt,
- aktueller Kurs,
- graphische Richtungsanzeige zum Ziel oder Wegpunkt,
- Entfernungsberechnungen zum Ziel oder Wegpunkt,
- Angabe über die tatsächlich zurückgelegte Wegstrecke (gelaufene Wanderkilometer),
- verstrichene Zeit vom Beginn der Tour,
- Durchschnittsgeschwindigkeit,
- Höchstgeschwindigkeit,
- geschätzte Ankunftszeit am Ziel oder Wegpunkt,
- verbleibende Zeit bis zum Erreichen des Ziels oder Wegpunktes,
- graphische Darstellung der Strecke zum Ziel oder Wegpunkt, wählbar von 300 Meter bis 800 Kilometer mit Einstellung auf nordorientiert, in Richtung des momentanen Kurses oder des Sollkurses,
- graphische Darstellung des aktuellen Standortes bei der Tour,
- Wahl der Maßeinheiten für Geschwindigkeits- und Entfernungsangaben entweder in englischen, nautischen Maßen oder metrischen Angaben (km/h, km und m),
- automatische Aufzeichnung der Wegstrecke,
- automatische Rückverfolgung der Wegstrecke,
- Speichermöglichkeit für 500 bis 1 000 Wegpunkte mit Koordinaten, Beschreibungen und Symbolen sowie von 1 000 bis 3 000 Trackpunkten mit Koordinaten einschließlich der Uhrzeit und 20 Routen mit je bis zu 30 Wegpunkten,
- erstellte Routen lassen sich problemlos umkehren und zurückverfolgen,
- Anzeigemöglichkeit der nächstgelegenen Wegpunkte,
- beliebig definierbarer, um einen Wegpunkt zu legender Alarmradius mit optischer oder akustischer Warnmeldung,
- Funktion »Mann über Bord« (MOB), im Notfall läßt sich mit wenigen Tastenbefehlen augenblicklich ein provisorischer Wegpunkt erzeugen,
- eingebaute weltweite Mißweisungskarte mit benutzerspezifischen Festlegungen,
- Angabe von Datum und exakte Uhrzeit,
- Berechnung der Ortszeit von Sonnenauf- und Sonnenunter-

gang für jedes Datum und jeden Punkt der Erde, bei modernen Geräten zusätzlich auch Mondauf- und Untergang mit Bewegungssimulation,

- Berechnung der Entfernung (Luftlinie) und Peilung zwischen zwei beliebigen Wegpunkten,
- Umrechnung von geographischen in Gitterkoordinaten,
- Umrechnung des Kartendatums,
- Kopplung mit einem PC und Ausgabe der graphischen und numerischen Daten auf einen PC,
- Anzeige der Satellitenstandorte und Sichtbarkeit,
- Anzeige der Satellitenempfangssignalstärke,
- bei mittleren oder gehobenen Modellen fest eingespeicherte vektorisierte Landkarte oder Städtedatenbank,
- Speicherung von Höhendaten bei guten Geräten.

4 Wandern mit dem GPS – Was ist anders?

4.1 Grundsätzliches

4.1.1 Mit dem Kompaß

Beim herkömmlichen Wandern mit dem Kompaß wird ausschließlich nach Winkeln (Kurswinkel, Marschrichtungszahl) gewandert. Position, Wegstrecken und Höhen lassen sich nicht messen. Eine Standortbestimmung ist nur an einem markanten Ort in Verbindung mit der Karte möglich.

Ausgangspunkt jeder Messung ist die Magnetnadel, die bei einer horizontalen Lage unabhängig von der Kompaßrichtung immer nach Norden zeigt.

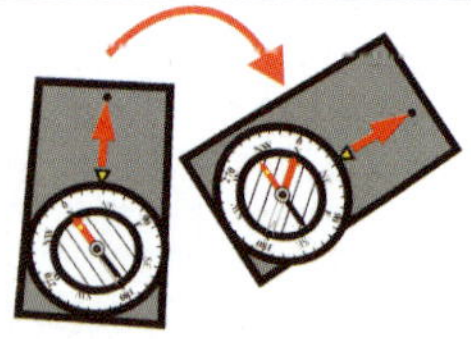

Egal wie der Kompaß in seiner horizontalen Lage gedreht wird, die Nordspitze der Magnetnadel zeigt immer nach Norden.

Bild 2 Kompaß Die Kompaßnadel zeigt immer nach Norden

4.1.2 Mit dem GPS-Empfänger

Ganz anders ist es bei dem Wandern mit dem GPS-Empfänger. Hier sind nur die Koordinaten (Breite und Länge) von Bedeutung, und diese werden dem Empfänger als Wegpunkte eingegeben.

Den eigenen Standort als Koordinate zeigt der GPS-Empfänger gleich nach dem Einschalten exakt an. Zum Ablesen des Kurswinkels in Richtung des nächsten Wegpunktes müssen Sie eine Strecke von etwa 30 m in beliebiger Richtung zurücklegen. Erst dann zeigt der Richtungspfeil den weiteren Kurs genau an. Auch die Nordrichtung wird nun fehlerfrei dargestellt. Weil sich die Anzeige mit dem Empfänger dreht, ist bei der Betrachtung der Navigationsseite der Empfänger immer nach der letzten Wegstrecke auszurichten. Bei allen anderen Displayseiten erübrigt sich eine Ausrichtung.

Der GPS-Empfänger selbst arbeitet in jeder beliebigen Lage. So läßt er sich beispielweise problemlos am Rucksack befestigen oder einfach umhängen.

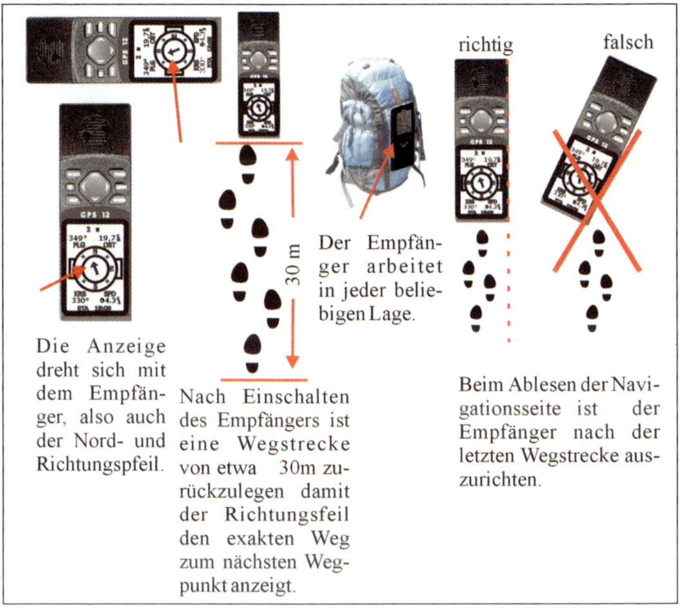

Bild 3 GPS Wandern mit dem GPS-Empfänger – Grundsätzliches

4.2 Der Startpunkt der Wanderung

4.2.1 Mit dem Kompaß

Bevor die Wanderung beginnt, ist der Startpunkt auf der Karte auszuwählen. Er muß eindeutig und unverwechselbar sein. In einer eintönigen Landschaft, im Wald oder auf einer geraden

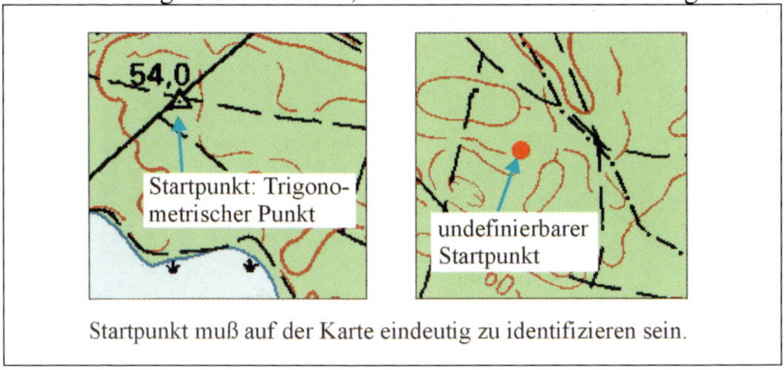

Bild 4 Kompaß Startpunktwahl beim herkömmlichen Wandern

Wegstrecke läßt sich kein Startpunkt mit dem Kompaß ermitteln.

4.2.2 Mit dem GPS-Empfänger

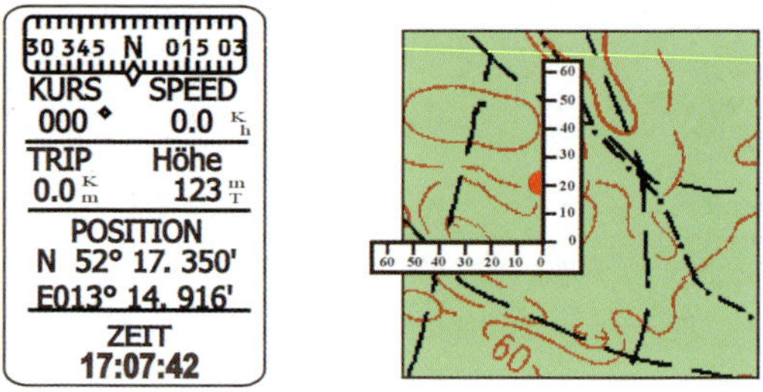

1.Bereits wenige Minuten nach dem Einschalten des GPS-Empfängers werden die Koordinaten des Startpunktes ausgegeben.

2.Problemlos findet man den Startpunkt auf der Karte.

Bild 5 Startpunktanzeige beim Wandern mit dem GPS-Empfänger

Nach dem Einschalten des GPS-Empfängers werden die Koordinaten des Startpunktes unabhängig vom Ort automatisch angezeigt. Sie brauchen nur noch auf die Karte übertragen zu werden.

4.3 Auf dem Weg zum Ziel

4.3.1 Mit dem Kompaß

Zuerst wird der Kompaß auf die Karte so aufgelegt, daß eine Anlegekante den Start- und Zielpunkt verbindet und der Kurspfeil oder die Kursstriche in die Zielrichtung zeigen. Die andere Hand dreht die Kompaßdose soweit, daß die Nordmarke »N« am Skalenring zum oberen Kartenrand zeigt. Ohne die Einstellung zu verändern, ist der Kompaß von der Karte zu nehmen. Anschließend wird der Kompaß waagrecht in Brusthöhe gehalten. Nun drehen Sie sich mit dem Kompaß um die eigene Achse bis die Magnetnadel mit den Richtungslinien auf dem Boden der Kompaßdose übereinstimmt. Ist der Kompaß richtig ausgerichtet, weist der Kurspfeil (Richtungspfeil) in die Wanderrichtung.

Da nur auf einem Richtungsstrahl gewandert wird, läßt sich ein

Der Kompaß wird mit einer langen Kante entlang der ausgewählten Kursrichtung mit dem Richtungspfeil zum Ziel hin angelegt. Lage der Magnetnadel beliebig.

2. Anschließend wird das Kompaßgehäuse so lange gedreht bis das „N“ auf dem Einstellring genau zum oberen Kartenrand zeigt.

3. Ohne den Einstellring zu verändern, wird der Kompaß von der Karte genommen. Nun dreht man sich um die eigene Achse bis die Nordspitze der Magnetnadel mit dem Nordpfeil der Kompaßkapsel übereinstimmt. Der Kurspfeil zeigt nun den Weg zum Ziel.

Bild 6 Herkömmliches Wandern

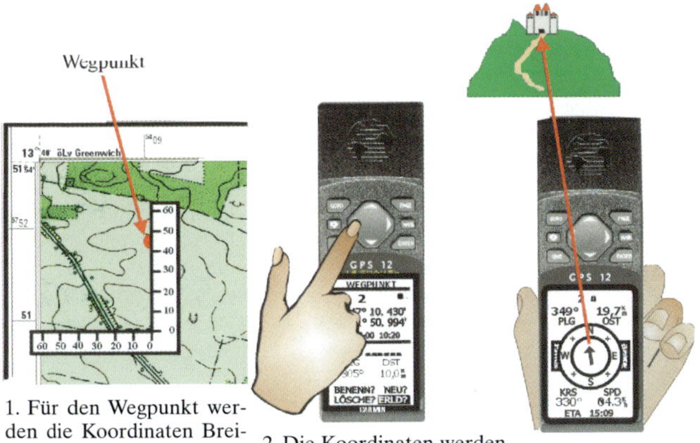

1. Für den Wegpunkt werden die Koordinaten Breite und Länge der Karte entnommen.

2. Die Koordinaten werden in den GPS-Empfänger eingegeben.

3. Der Richtungspfeil zeigt zum Ziel.

Bild 7 Wandern mit dem GPS-Empfänger

unauffälliges Ziel leicht übersehen. Auch die Gefahr, auf einem Parallelkurs zu wandern, ist groß.

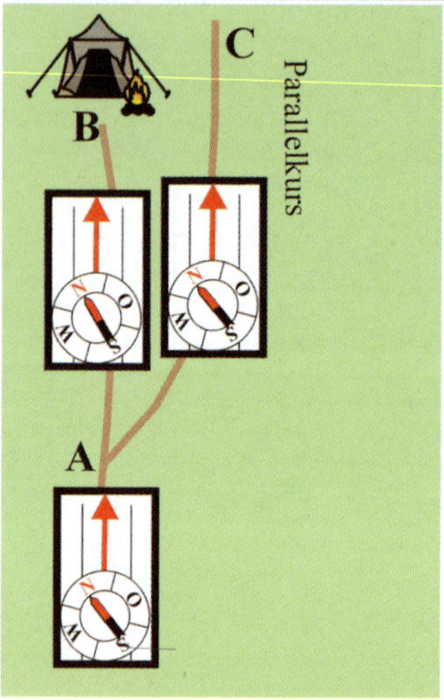

Bei A wurde falsch eingebogen dadurch gelangte der Wanderer auf den am Ziel B vorbeiführenden Parallelkurs C.

Bild 8 *Kompaß* Ohne etwas zu bemerken befinden Sie sich schnell auf einem Parallelkurs

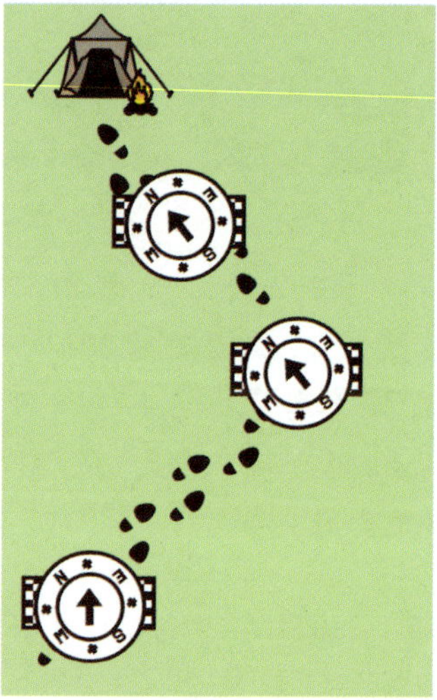

Egal wo Sie sich befinden der Richtungspfeil zeigt immer zum Ziel.

Bild 9 *GPS* Der Richtungspfeil bringt Sie sicher zum Ziel

4.3.2 Mit dem GPS-Empfänger

Als erstes sind der Karte die Koordinaten der Wegpunkte bzw. des Zielpunktes zu entnehmen und in den GPS-Empfänger einzugeben.

Nach dieser Vorarbeit kann die Wanderung beginnen. Sind Sie nach Einschalten des GPS-Empfängers etwa 30 m in eine beliebige Richtung gelaufen und haben den Empfänger in der Fluchtlinie ausgerichtet, führt Sie das Navigationsdisplay mühelos zum Ziel.

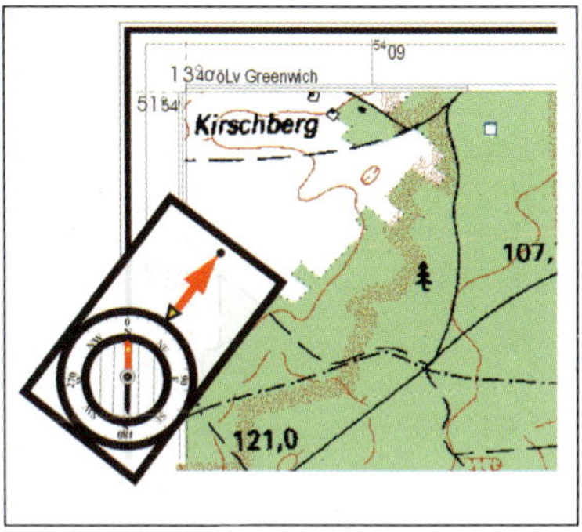

Bild 10 Einnorden der Karte beim konventionellen Wandern

4.4 Verirren im Gelände

4.4.1 Mit dem Kompaß

Falls beim Wandern kein ständiger Vergleich des Umfeldes mit der Karte erfolgt, ist ein Verirren leicht möglich. Auch die Gefahr am Ziel vorbeizuwandern oder auf einem Parallelkurs zu wandern ist groß. Eine 100%ige Sicherheit gibt es nicht.

4.4.2 Mit dem GPS-Empfänger

Unwahrscheinlich. Unabhängig vom Standort weist Sie der Richtungszeiger immer zum Ziel.

4.5 Das Einnorden der Karte

Zur Identifikation des Umfeldes ist mitunter ein Einnorden der Karte notwendig.

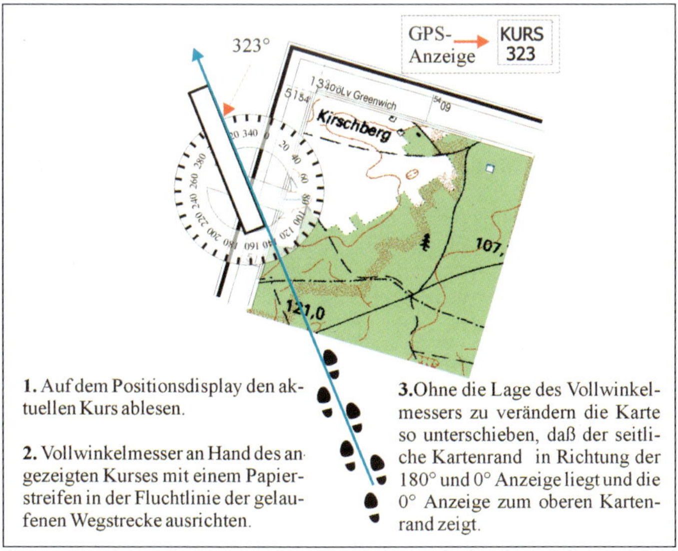

Bild 11 Einnorden der Karte mit einem GPS-Empfänger und einem Vollwinkelmesser

Beim Visieren eines Landschaftspunktes wird der die Kompaßdose solange gedreht bis die Nordspitze der Magnetnadel zwischen Richtungspfeilen liegt und genau zur Nordmarkierung zeigt. Anschließend wird mit der einen Hand die Kompaßdose festgehalten und mit der anderen Hand die Grundplatte solange gedreht bis die Visiervorrichtung zum Landschaftspunkt zeigt.

Bild 12 Visieren eines Landschaftspunktes mit dem Kompaß

4.5.1 Mit dem Kompaß

Beim Einnorden der Karte müssen die Seitenränder der in horizontaler Lage befindlichen Karte parallel zu der Lage der Magnetnadel liegen und die Nordspitze zu dem oberen Kartenrand zeigen.

4.5.2 Mit dem GPS-Empfänger

Etwas umständlicher. Mit Hilfe eines Vollwinkelmessers und aufgelegten Papierstreifen oder Lineal ist die Karte an Hand des angezeigten aktuellen Kurswinkels in der Fluchtlinie der gelaufenen Wegstrecke auszurichten. Besitzt der GPS-Empfänger ein graphisches Display mit einer Nordanzeige (Nord-Indikator) läßt sich die Karte ganz grob auch damit einnorden. Vorausgesetzt der GPS-Empfänger liegt in der Fluchtlinie der gelaufenen Wegstrecke. Zur Sicherheit sollte die Messung nach einer weiteren Wegstrecke von 30 m wiederholt werden. Etwas einfacher geht es mit einem Kartenwinkelmesser (Bild 57).

4.6 Die Visierung von Landschaftspunkten

Gilt es einen entfernt liegenden Landschaftspunkt zu identifizieren, so muß er angepeilt werden. Ausgehend vom genau bekannten Standort wird der abgelesene Peilungswinkel auf die Karte übertragen. Der Landschaftspunkt liegt dann irgendwo auf dem Schenkel des Peilungswinkels und muß nun mit Hilfe der Karte identifiziert werden.

4.6.1 Mit dem Kompaß

Zum Visieren ist der Kompaß waagrecht in Brusthöhe zu halten. Die Visierlinie (Kurspfeil) muß senkrecht von der Körperfront zum Objekt zeigen. Anschließend drehen Sie die Kompaßdose bis die Magnetnadel zwischen den auf dem Boden der Kompaßdose angebrachten Richtungslinien liegt und die markierte Nordseite der Magnetnadel zur Nordmarkierung zeigt. Zur Feineinstellung bringen Sie den Kompaß in Augenhöhe, halten mit einer Hand die Kompaßdose fest (Magnetnadel muß weiterhin nach

Norden zeigen) und drehen mit der anderen die Grundplatte solange bis die Visiervorrichtung zum Landschaftspunkt zeigt. Abweichungen von 3-6° sind keine Seltenheit.

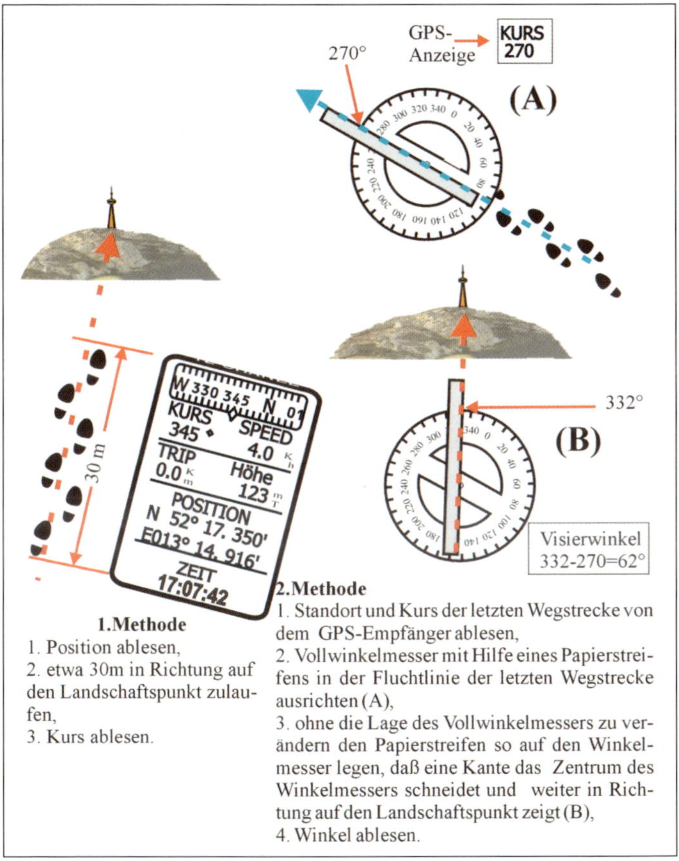

Bild 13 Visieren eines Landschaftspunktes mit dem GPS-Empfänger

4.6.2 Mit dem GPS-Empfänger

1. Methode: Am einfachsten ist es, wenn Sie nach dem Ablesen der Koordinaten etwa 30m in Richtung des Landschaftspunktes laufen und auf der Positionsseite den Kurswinkel ablesen.

2. Methode: Läßt sich die 1. Methode nicht durchführen, wird ein Vollwinkelmesser und aufgelegter Papierstreifen in der Fluchtlinie der letzten annähernd geradlinigen Wegstrecke ausgerichtet. Nach dem Ablesen des Standortes und Kurses auf der Positionsseite, legen Sie einen Papierstreifen oder ein Lineal so auf den Vollwinkelmesser (Zahlen im Uhrzeigersinn angeordnet), daß die Papierkante von dem Mittelpunkt des Winkelmessers zu dem abgelesenen Kurs verläuft. Mit einer Hand ist der Streifen in dieser Position festzuhalten. Nun wird Winkelmesser und Papierstreifen in der Fluchtlinie der letzten Wegstrecke ausgerichtet. Ohne die Lage des Winkelmessers zu verändern, müssen Sie den Papierstreifen zum Landschaftspunkt ausrichten und den Visierwinkel ablesen. Die Aussage läßt sich durch eine dreifache Messung und anschließende Mittelwertbildung erhöhen.

Obwohl die Methode recht einfach erscheint, lassen sich bei etwas Übung Genauigkeiten von ± 5 Grad erreichen.

4.7 Umgehung von Hindernissen

4.7.1 Mit dem Kompaß

Sehr aufwendig.

4.7.2 Mit dem GPS-Empfänger

Problemlos. Egal auf welcher Seite das Hindernis umgangen wird, nach der Umgehung führt Sie der GPS-Empfänger wieder zum richtigen Kurs zurück.

4.8 Markieren eines Standortes

Finden Sie bei der Wanderung querfeldein ein interessantes Objekt z.B. einen seltenen Baum und Sie wollen sich den Standort merken bzw. einem Freund übermitteln, so muß er irgendwie festgehalten werden.

4.8.1 Mit dem Kompaß

Nicht möglich.

4.8.2 Mit dem GPS-Empfänger

Kein Problem. Sie brauchen nur die Markierungstaste zu drükken und schon ist die Position genau festgehalten.

5 Eine perfekte Kombination, der altbewährte Kompaß und der moderne GPS-Empfänger

Wie aus den bisherigen Ausführungen ersichtlich, benötigt der GPS-Empfänger zur Richtungsbestimmung zwei verschiedene Standorte, d.h. Sie müssen zunächst etwa 30 Meter in eine Richtung laufen. Die Richtungsbestimmung aus dem Stand ist nicht möglich. Dieses kann aber der Kompaß.

Zeigt Ihnen der GPS-Empfänger den Peilungswinkel (Marschrichtungszahl) zum nächsten Wegpunkt an, so geben Sie diesen in den Kompaß ein. Damit können Sie sofort mit der Wanderung in die genaue Richtung beginnen. Nach etwa 30 m übernimmt dann der GPS-Empfänger die Führung. Allerdings ist dabei, wie unter 7.2 beschrieben die Mißweisung zu beachten.

Natürlich können Sie auch einen GPS-Empfänger mit eingebautem Kompaß verwenden.

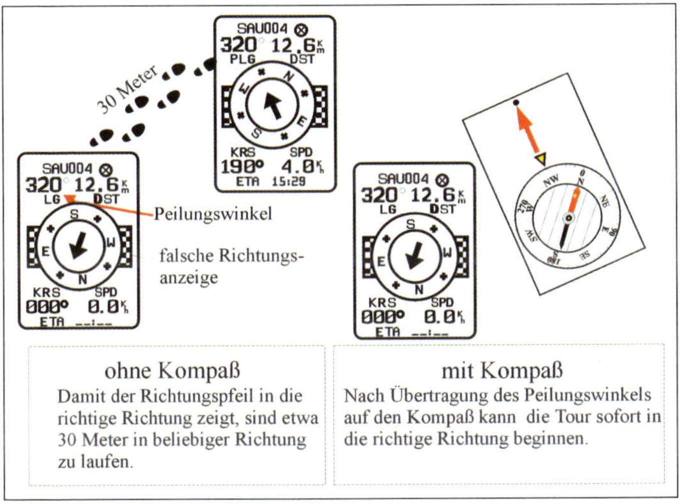

Bild 14 Eine nützliche Kombination: Kompaß mit GPS-Empfänger. Sofort nach der Initialisierung kann die Wanderung in die richtige Richtung beginnen

6 Etwas Theorie ist notwendig

6.1 Von Graden, Minuten, Sekunden

Das geographische Gradnetz

Zur genauen Festlegung eines Ortes auf dem Globus oder der Karte ist ein Koordinatennetz mit zwei Koordinaten erforderlich. Wie Sie sicher noch aus der Schule wissen, sind es die Koordinaten geographische Breite (engl. Latitude bzw. LAT) und geographische Länge (engl. Longitude bzw. LON). Auch der GPS-Empfänger zeigt beide Koordinaten für den jeweiligen Standort an. Bei der Übertragung der Koordinaten in eine Karte ist damit der Standort eindeutig definiert.

Zu den Zeiten des Ptolemäus hatte der damals bekannte Teil der Erdoberfläche (von den Kanarischen Inseln über China und den angenommenen Nilquellen bis nach Island) ungefähr die Gestalt eines Rechtecks, dessen Ausdehnung von West nach Ost etwa zweimal so groß war wie die von Süd nach Nord. Da bei einem Rechteck die größere Ausdehnung mit Länge und die kleinere mit Breite bezeichnet wird, übernahm Ptolemäus für die West-Ost-Richtung die Bezeichnung Länge und für die Süd-Nord-Richtung die Bezeichnung Breite.

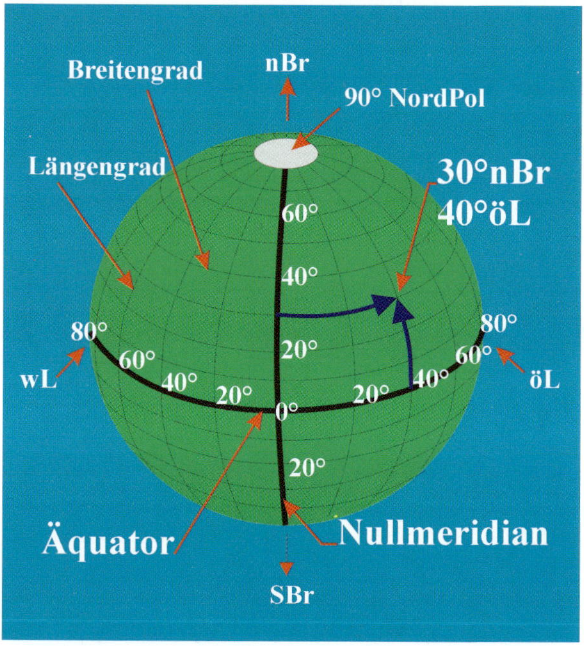

Bild 15 Das geographische Gradnetz der Erde

Aufgrund der annähernden Kugelgestalt der Erde sind die geographischen Koordinaten Kreislinien, die als Längenkreise (auch als Meridiane bezeichnet) durch die beiden Pole oder als Breitenkreise parallel zum Äquator verlaufen. Gezählt werden die Längen- und Breitenkreise in Bogengrade oder Winkelgrade (°). Diese werden dann wie bei der Uhr in 60 Bogenminuten oder Winkelminuten (′) und diese wiederum in 60 Bogensekunden oder Winkelsekunden (″) unterteilt. Sind keine Mißverständnisse möglich, spricht man meist nur von Grad, Minute, Sekunde. Bei den Längenkreisen beginnt die Zählung mit dem, durch die ehemalige Sternwarte von Greenwich (England) verlaufenden 0-Längenkreis (0-Meridian). Von dort wird sowohl nach Osten, als auch nach dem Westen bis zum 180. Längenkreis weitergezählt. Jeder Wert bis 179 taucht damit zweimal auf. Zur Unterscheidung erhalten die östlichen Längenkreise den Zusatz ö.L. (östlicher Länge) bzw. E (East) und die westlichen den Zusatz w.L. (westlicher Länge) bzw. W (westlich). Analog verfährt man bei den Breitenkreisen. Mit dem Unterschied, daß diesmal bis zum jeweiligen Pol 90 Breitenkreise gezählt werden. Die Zählung beginnt hier am Äquator mit dem 0. Breitenkreis. Nördlich des Äquators erhalten sie den Zusatz n.Br. (nördlicher Breite) bzw. N (nördlich) und südlich davon den Zusatz s.Br. (südlicher Breite) bzw. S (südlich). Bei vielen Empfängern lassen sich die Sekunden mit einer Stelle nach dem Komma eingeben, also in unseren Breiten auf 2–3 m genau. Dieses entspricht auf einer 1:25 000 Karte einer Genauigkeit von 0,08 bis 0,12 mm, was natürlich Unsinn ist. Für den Wanderer ist eine gerundete Sekundeneingabe völlig ausreichend.

Sehr unterschiedlich wird bei der Gradeinteilung mit den, der ganzen Gradzahl folgenden, Bruchteilen verfahren. Gebräuchlich sind Einteilungen in

Grad:Minute:Sekunde z.B. 51° 24´ 36´´
Grad:Minute:Dezimalminute z.B. 51° 24,6´
Dezimalgrad z.B. 51,41°

Bei dem GPS-Empfänger ist die Dezimalminute gängig.

Tabelle 1 Darstellung der Gradeinteilung auf dem GPS-Empfänger

	Anzeige beim GPS 12	Anzeige beim GPS 300
Grad:Minute:Sekunde	hddd°mm´ss.s´´	DEGMINSEC
Grad:Dezimalminute	hddd°mm.mmm´	DEGMIN
Dezimalgrad	hddd.ddddd°	

Umrechnung Grad:Dezimalminute in Grad:Minute:Sekunde
Multiplizieren Sie Nachkommastellen mit 60;
Ergebnis = Sekunden
z.B. 51° 30,10´ = 51° 30´ 6´´ (6 = 0,10 · 60)

Umrechnung Grad:Minute:Sekunde in Grad:Dezimalminute
Dividieren Sie die Sekunde durch 60;
Ergebnis = Grad:Dezimalminute
z.B. 51° 30´ 6´´ = 51° 30,10´ (0,1 = 6/60)

Umrechnung Dezimalgrad in Grad:Minute:Sekunde
Multiplizieren Sie Nachkommastellen mit 60;
Zwischenergebnis = Grad:Dezimalminute
z.B. 40,51° = 40° 30,60´ (30,60 = 0,51 · 60)

Multiplizieren Sie Nachkommastellen mit 60;
Ergebnis= Grad:Minute:Sekunde
z.B. 40° 30,60´ = 40° 30´ 36´´ (36 = 0,60 · 60)
40,51° = 40° 30´ 36´´

Umrechnung Grad:Minute:Sekunde in Dezimalgrad
Dividieren Sie Sekunde durch 60;
Zwischenergebnis = Grad:Dezimalminute
z.B. 40° 30´ 36´´ = 40° 30,60´ (0,60 = 36/60)

Dividieren Sie Dezimalminute durch 60;
Ergebnis = Dezimalgrad
z.B. 40° 30,60´ = 40,51° (0,51 = 30,60/60)
40° 30´ 36´´ = 40,51°

Umrechnung Grad:Dezimalminute in Dezimalgrad
Dividieren Sie Dezimalminute durch 60
z.B. 49° 20,10´ = 49,335° (,335 = 20,10/60)

Von Bedeutung, und das sollten Sie sich merken, ist der Abstand zwischen den Minuten bzw. Graden. Bei der geographischen Breite beträgt er konstant 1,852 km (= 1 Seemeile). Bei der geographischen Länge nimmt der Abstand in Polrichtung mit dem Kosinus der geographischen Breite ab.

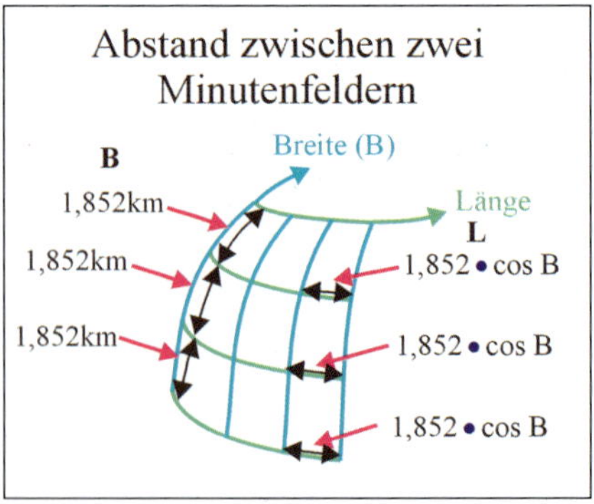

Bild 16 Abstand zwischen den Minutenfeldern

Abstand zwischen den Gradfeldern

Bei der geographischen Breite (B):

Abstand = 111,1 km

Bei der geographischen Länge (L):

Abstand = 111,1 km •cos B

Abstand zwischen den Minutenfeldern

Bei der geographischen Breite (B):

Abstand = 1,852 km

Bei der geographischen Länge (L):

Abstand = 1,852 km •cos B

Lageangabe

Bei der Koordinatenangabe wird zuerst die Breite und dann die Länge genannt (Eselsbrücke breite Länge). Nicht immer konsequent eingehalten.

6.2 Von Zonen, Bändern, Ost- und Nordwerten

Das geodätische Gitternetz (engl. Grid)

Damit aus dem dreidimensionalen Globus mit seinen Bogenmaßen (Grad, Minute, Sekunde) eine zweidimensionale Karte mit den Längenmaßen (Kilometer, Meter) entsteht, muß eine Transformation (Kartenprojektion) erfolgen. Falls Sie schon einmal versucht haben, eine dreidimensionale Kugel in einen zweidimensionalen Bogen Papier zu wickeln, werden Sie verstehen, daß dieses gar nicht so einfach ist. Es gibt immer irgendwo eine Verzerrung. Eine 100% Transformation ist demnach nicht möglich. Immer sind Zugeständnisse zu machen. So gibt es eine winkeltreue, längentreue, flächentreue und richtungstreue Transformation. Der große Vorteil einer winkeltreuen Anpassung z.B. UTM-Gitter besteht darin, daß nun direkt mit Kilometern und Metern gerechnet werden kann.

Das UTM-Gitter

Das UTM-Gitter benutzten ursprünglich nur die Militärs der USA und der NATO. Erst 1999 löste es das in Deutschland bisher gebräuchliche Gauß-Krüger-Gitter ab.

Der Grundgedanke des UTM-Gitters (engl. Universal Transverse Mercator-Projektion) beruht auf der Aufgliederung der Erdoberfläche – wie bei der Apfelsine – in 6° schmale Meridianstreifen (Zonen). Die Mittelmeridiane liegen bei 3°, 9°, 15° usw. östlicher bzw. westlicher Länge. Sie erhalten von West nach Ost, beginnend bei Meridian 177° westlicher Länge (Bild 17) eine fortlaufende Zonennummer.

Berechnung des Mittelmeridians aus der Zonennummer

Mittelmeridian = (Zonennummer · 6) -183

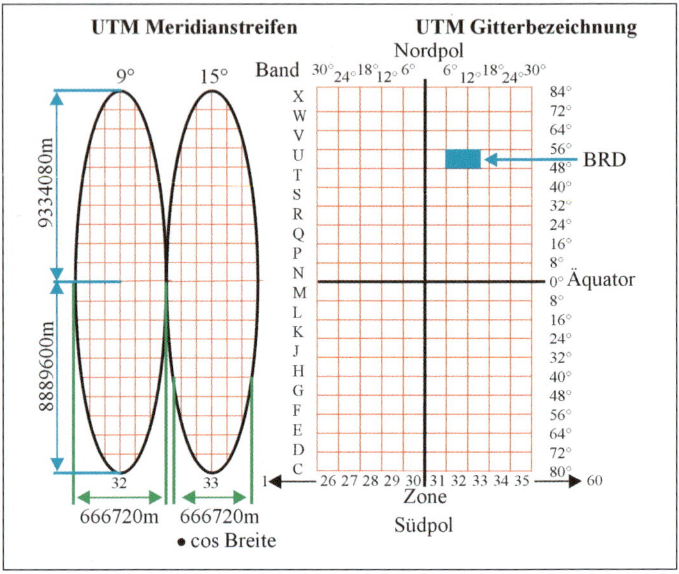

Bild 17 Das UTM Gitternetz

Jeweils 8° Grad breite Breitenkreise – im UTM-System als Bänder bezeichnet – werden von 80° südlicher Breite, angefangen mit dem Buchstaben C, bis 84° nördliche Breite (Buchstabe X) entsprechend dem ABC gekennzeichnet. Zur Vermeidung von Verwechslungen entfallen die Buchstaben O und I.

Die 6° breiten Zonenstreifen und die 8° breiten Bänder bilden jeweils ein Zonenfeld. Bei der Bezeichnung wird zuerst die Zone und dann das Band benannt z.B. 31R. Deutschland liegt überwiegend im Zonenfeld 32U und 33U.

Die Zonenfelder werden noch in 100 km x 100 km große, mit einem Buchstabenpaar bezeichnete Teilfelder gegliedert. Mitunter stehen diese Teilfelder auf den Karten mit dem UTM Gitter. Zur Eingabe in den GPS-Empfänger werden sie nicht benötigt.

Die senkrechten Kolonnen der Teilfelder werden, angefangen am 180°-Meridian, entlang des Äquators in Richtung Osten mit den Buchstaben A bis Z (ohne I und O) bezeichnet. Da am Äquator die Zone von West nach Ost etwa 670 km lang ist, entstehen innerhalb einer Zone sechs volle 100 km-Quadrate und am West- bzw. Ostrand ein Restfeld. Zur Kennzeichnung sind 8 Buchstaben je Zone notwendig, d.h. mit den 24 Buchstaben A bis Z (ohne I und O) lassen sich drei aufeinander folgende Zonen kennzeichnen. Nach jeder dritten Zone wird wieder mit A begonnen. Die waagrechten Bänder der 100 km-Quadrate erhalten Buchstaben von A bis V (ohne I und O). Etwa alle 18° wiederholt sich die Buchstabenfolge in Nordrichtung. Begonnen wird am Äquator und zwar in den Zonen mit ungeraden Nummern mit A und in denen mit geraden Nummern mit F.

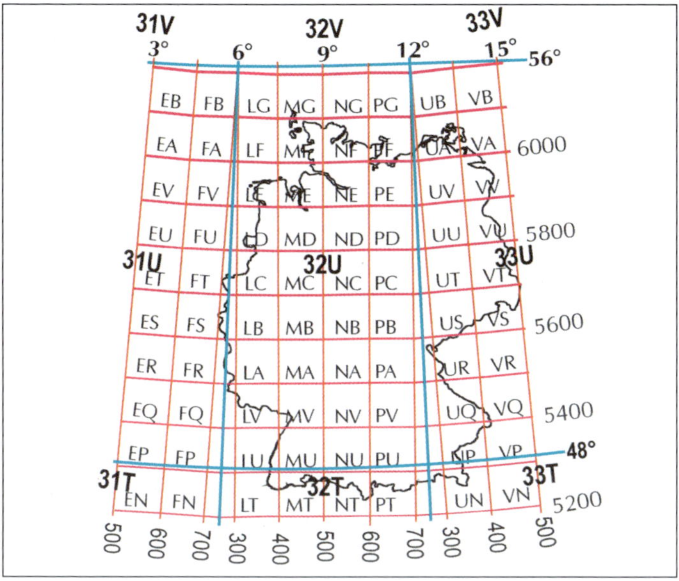

Bild 18 100 km – Quadrate für das Gebiet der Bundesrepublik

Auf den Topographischen Karten erfolgt eine weitere Gliederung (Gitterweite) in 1 km oder 2 km Quadrate auch als Metergitter bezeichnet.

Zur Kennzeichnung eines Punktes eignen sich die Felder nicht und so werden die Abstände vom Mittelmeridian bzw. Äquator je nach der gewünschten Genauigkeit als mehrstellige Zahl angegeben. Im UTM-System wird der horizontale Wert als Ostwert E (East) oder Rechtswert bezeichnet. Mitunter findet sich auch die Bezeichnung y (in der Kartenkunde werden y und x umgekehrt als in der Geometrie benutzt). Der Ostwert gibt den horizontalen Abstand in Metern vom jeweiligen Mittelmeridian bzw. der senkrechten Gitterlinie an. Die östlichen Abstände werden addiert und die westlichen subtrahiert. Zur Vermeidung von negativen Werten zählt man schließlich zu jedem Wert noch 500 000 m dazu. Da jeder Meridianstreifen (Bild 17) am Äquator 666 720 breit ist, kann bei einer Genauigkeit von einem Meter der Ostwert maximal zwischen 166 640 (= –666 720/2 +500 000) und 833 360 (= 666 720/2+500 000) liegen. Oberhalb und unterhalb des Äquators liegt die Grenze zwischen –(6 667 202 · cos (Breite)/2 +500 000) und + (6 667 202 · cos (Breite)/2 +500 000).

Ostwert

Die Ziffern geben den Abstand vom Mittelmeridian in m an. Ist der Wert kleiner als 500 000 liegt der Ort westlich vom Mittelmeridian. Ist er größer als 500 000 liegt der Ort östlich vom Mittelmeridian. Beträgt der Wert genau 500 000, so liegt der Ort auf dem Mittelmeridian.

Etwas einfacher ist es bei den senkrechten Werten. Bei diesem, als Nordwert oder Hochwert (x-Koordinate) bezeichneten Wert wird die direkte Entfernung vom Äquator in m angegeben. Auch hier addiert man zur Vermeidung von negativen Werten bei den südlichen Werten (die Bandbuchstaben C bis M liegen nach dem ABC vor N) 10 000 000 m hinzu. Der Nordwert kann nach Norden (Bild 17) bei einer Genauigkeit von einem Meter nach Norden einen Wert von 0 bis 9 334 080 und nach Süden einen Wert von 0 bis 1 110 400 (= – 8 889 600+10 000 000) annehmen.

GPS-Anzeigen

	GPS 12 Garmin	GPS 310 Magellan
Grad/Minute/Sekunde hddd°mm´ss.s´´ DEGMINSEC	N 52° 17´06.0´´ E 013° 37´04.0´´	52° 17´ 06N 013° 37´ 04E
Grad/dezimal Minute hddd°mm.mmm´ DEGMIN	N 52° 17.100´ E 013° 37.067´	52° 17,11N 013° 37,07E
dezimal Grad hddd.ddddd°	N 52. 28500° E 013. 61778°	
UTM UTM/UPS	33 U 0405716 UTM 5793637	5793637N 33 405716E

Bild 19 Anzeige der geographischen und UTM Koordinaten (WGS 84)

Nordwert

Die Ziffern geben die nördliche oder südliche (10 000 000 – südliche Entfernung) vom Äquator an. Liegt die Bandbezeichnung zwischen C und M befindet sich der Ort südlich vom Äquator. Liegt sie zwischen N und X, befindet sich der Ort nördlich vom Äquator. Entfällt die Bandbezeichnung, ist immer anzugeben, ob der Ort nördlich (N) oder südlich (S) des Äquators liegt.

Leider gibt es in Bezug auf die Reihenfolge der Eingabe bzw. Anzeige der UTM-Werte bei dem GPS-Empfänger keine Abstimmung. So zeigt der GPS 12 (Garmin) zuerst den Ostwert und dann den Nordwert an. Bei dem GPS 310 (Magellan) ist es genau umgekehrt. Auch die Bandbezeichnung wird wie bei dem GPS 310 nicht immer angegeben.

Das Gauß-Krüger-Gitter

In der Vergangenheit war es in Deutschland das gebräuchlichste geodätische Gitter. Durch die allgemeine Umstellung der Karten auf das international verbreitete UTM Gitter verliert es immer mehr an Bedeutung.

Im Gegensatz zu dem UTM Gitter arbeitet das Gauß-Krüger-Gitter mit 3° schmalen Meridianstreifen. Der Hauptmeridian liegt dabei auf einer glatt durch 3 teilbaren Zahl, also 3°, 6°, 9° usw. Angefangen beim ersten Hauptmeridian 3° wird fortlaufend numeriert. Der Hauptmeridian 3° erhält die Kennziffer 1, der 6° die Nummer 2 usw. Als nächstes werden für den jeweiligen Ort die Entfernungen in km oder m vom Hauptmeridian bestimmt. Die östlichen werden addiert und die westlichen subtrahiert. Zur Vermeidung von negativen Werten zählt man auch hier zu jedem Wert noch 500 000 dazu. Dieser Wert wird nun als Rechtswert (y-Koordinate) bezeichnet.

Die erste Ziffer bezieht sich auf die Kennziffer des Hauptmeridians. Die weiteren Ziffern geben den Abstand vom Hauptmeridian in m bzw. km an. Bei den Breitenangaben wird wie im UTM-System die direkte Entfernung vom Äquator geschrieben. Infolge des Gebrauchs unterschiedlicher Ellipsoide und Netze sind im Gebiet der Bundesrepublik Deutschland das UTM- und das Gauß-Krüger-System nicht kompatibel. Eine Transformation der Werte von einem in das andere System ist nur über Näherungsverfahren möglich.

6.3 Koordinaten Transformation

Wie schon dargelegt, ist die Transformation einer Position von einem System, z.B. geographische Koordinaten in ein anderes System, recht aufwendig und für einen Nichtfachmann kaum durchführbar. Besteht die Notwendigkeit einer Transformation, so können Sie sich eines der unten angeführten Programme aus dem Internet holen.

Programme der Fa. C. Killet Softwareentwicklung

Das Programm »Transdat« der Fa. C. Killet Softwareentwicklung ist ein spezielles Programm zur Koordinaten Transformation. Allerdings ist es, was auch der stolze Preis von etwa 100 € zeigt, etwas mehr für die Profis. Ein weiteres Programm »Topowin« von der gleichen Firma eignet sich ebenfalls für eine Transformation. Allemal lohnt sich ein Experimentieren mit den kostenlosen Testversionen, die im Internet unter http://www.killetsoft.de zu finden sind.

Internet Seite von Heiko Jacobs zur Koordinatentransformation

Auf dieser Seite können Sie kostenlos Koordinaten transformieren. http://www.cousin.de/jacobs/trafosys.html

Programm KSDTrans

Mit der kostenlosen Testversion von Christian Singer lassen sich die in Deutschland gängigen Koordinatensysteme und Kartendaten transformieren. Sie können sie aus dem Internet unter http://www.icsinger.de/kostenls.htm holen.

6.4 Das rätselhafte Kartendatum (MAP DATUM)

Viele Neueinsteiger scheitern bei der Einrichtung des GPS-Empfängers an der Eingabe des Kartendatums. Zunächst wird an das Erstellungsdatum der Karte gedacht, aber damit hat es überhaupt nichts tun. Nicht einmal mit dem Datum. Was also ist nun das Kartendatum?

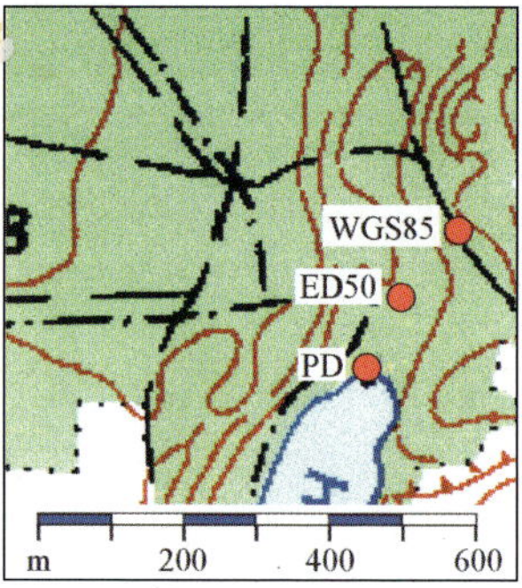

Bild 20 Je nach dem eingestellten Karten-Datum ergeben sich verschiedene Zielpunkte

Eines sollten Sie sich aber gleich merken, wird ein falsches Kartendatum eingegeben, so werden Sie das Ziel nicht erreichen. Entnehmen Sie beispielsweise einer Karte mit dem Potsdam Datum die Zielkoordinaten und benutzen, weil es sich nicht im GPS-Empfänger einstellen läßt, dafür das WGS84 Datum, so suchen Sie das falsch eingegebene Ziel nördlich des tatsächlichen Ziels (Bild 20).

Die Ursache liegt in der Gestalt unserer Erde. Die Erde ist genau genommen keine richtige Kugel, mit Abplattungen an den Polen ist sie schon mehr ein Ellipsoid. Aber das ist auch noch nicht ganz richtig, das tatsächliche Gebilde weicht davon ab. Um die Gestalt der Erde näher betrachten zu können müssen die Erhebungen und Vertiefungen ausgeschlossen werden, das heißt die Erdoberfläche ist auf ein einheitliches Niveau zu bringen. Dieses wird nun als Geoid bezeichnet.

Verständlicherweise ist die exakte Berechnung des Geoiden äußerst schwer und so versuchten die Mathematiker ihn durch das Ellipsoid (Körper einer rotierenden Ellipse) anzunähern. Schnell fanden sie dabei heraus, daß die Anpassung vollkommener ist, wenn örtliche d.h. länderbezogene Parameter für das Ellipsoid benutzt werden. Dadurch entstanden in der Vergangenheit eine Vielzahl länderspezifischer Ellipsoide. Zur Unterscheidung erhielten die Ellipsoide und ihre Lage im Raum einen Namen, und das ist das geheimnisvolle Kartendatum. Oft bezieht sich das Kartendatum auf den Ort, der als Bezugspunkt diente z.B. Potsdam, mitunter auch auf den Gültigkeitsbereich z.B. ED50 (Europan 1950) oder WGS84 (World Geodetic System 1984).

Das Kartendatum

Das Kartendatum (geodätisches Datum) engl. Map Datum hat nichts mit einem Datum zu tun, es bezieht sich auf das Bezugssystem der jeweiligen Karte. Gebräuchlich war bisher in Deutschland das »Potsdam Datum« (PD), später das »Europäische Datum« (ED50) in Zukunft wird es durch das WGS84 ersetzt.

In der Vergangenheit störten diese lokal angepaßten Ellipsoide wie z.B. das Potsdam Datum kaum. Erst mit der Entwicklung der Satellitennavigationssysteme zeigten sich die Probleme. Nun mußten die von den Satelliten gesendeten Positionen für ein globales System gelten. Dieses wiederum führte zur Einführung des weltweit angepaßten Ellipsoids WGS84.

Benutzen Sie zum Wandern nicht die neusten Karten, so beziehen sich die Koordinaten höchstwahrscheinlich auf ein lokales Kartendatum, in Deutschland auf das Potsdam Datum.

Datumstransformation

Verwenden Sie eine ältere Wanderkarte mit einem Potsdam Datum und bei Ihrem Empfänger läßt sich dieses Datum nicht einstellen, so kommen Sie um eine Datumstransformation nicht herum.

Formeln zur exakten Umrechnung sind auf der Internetseite //home.t-online.de/home/Bernd.Scherer/gdt.htm von Bernd Scherer zu finden.

Mit einer für den Wanderer ausreichenden Genauigkeit ist eine Transformation mit den folgenden Näherungsformeln möglich. Die Formeln sehen zwar etwas kompliziert aus, sie lassen sich aber problemlos selbst mit einem Schultaschenrechner lösen.

Tabelle 2 Datumstransformation von Dezimalgrad (PD = Potsdam Datum)

Umrechnung			Formel	Abweichung
von	nach			
PD	ED50	Breite	*ED50 = 0,0066897+PD -0,0001406*PD*	unter 8m
		Länge	*ED50 = 0,0016353+PD -0,0001709*PD*	unter 15m
PD	WGS 84	Breite	*WGS84 = 0,0044660+PD -0,0001119*PD*	unter 8m
		Länge	*WGS84 = 0,0002974+PD -0,0001486*PD*	unter 15m
ED50	WGS 84	Breite	*WGS84 = ED50 – 0,0007778*	unter 5m
		Länge	*WGS84 = ED50 – 0,0011944*	unter 5m
ED50	PD	Breite	*PD = 0,0001406*ED50- 0,0066897+ED50*	unter 8m
		Länge	*PD = 0,0001709*ED50- 0,0016353+ED50*	unter 15m

WGS 84	PD	Breite	*PD = 0,0001119*WGS84 – 0,0044660+ WGS84*	unter 8 m
		Länge	*PD = 0,0001486*WGS84 – 0,0002974 – WGS84*	unter 15 m
WGS 84	ED50	Breite	*WGS84 = ED50 + 0,0007778*	unter 5 m
		Länge	*WGS84 = ED50 + 0,0011944*	unter 5 m

Beispiel

Aus einer Karte mit Potsdam Datum wurden folgende Koordinaten für das Ziel einer Wanderung (Dezimalminute) entnommen:
geographische Breite: 50° 48,75´ geographische Länge 17° 13,18´
Da der GPS-Empfänger (GPS 300) über kein Potsdam Datum verfügt, sind die Werte in das WGS84 zu transformieren.
Zunächst sind die Werte nach den Formeln im Kapitel 6.1 in dezimal geteiltes Grad umzurechnen:

48,75/60 = 0,8125 also geographische Breite: 50,8125°
7,56/60 = 0,126 also geographische Länge : 17,126°

Nach der Formel PD (Potsdam Datum) nach WGS84 gilt für die Breite:

*WGS84=0,0044660+50,8125-0,0001119*50,8125=50,81128°*

und für die Länge:

*WGS84= 0,0002974 +17,126-0,0001486*17,126 =17,12375°*

Nach Eingabe dieser beiden Werte wird Sie der GPS-Empfänger sicher zum Ziel bringen. Die Abweichung vom Zielpunkt beträgt etwa 11m. Ohne Umrechung würden Sie das Ziel in 200m Entfernung suchen.

6.5 Der GPS-Empfänger und das Problem der Höhenmessung

Jeder Gebirgswanderer kennt die Schwierigkeit der Höhenbestimmung. So ist der Höhenmesser, der auf der Abnahme des Luftdruckes mit steigender Höhe beruht, immer vor der Wanderung gegenüber einer bekannten Höhe zu kalibrieren. Auch danach ist die Anzeige etwa alle zwei Stunden zu kontrollieren. Bei plötzlicher Luftdruckänderung, wie sie Unwettern vorhergehen, sind keine Höhenmessungen mehr möglich.

Es liegt nun auf der Hand, auch die Höhe mit dem GPS-Empfänger zu messen. Aber ganz so einfach, wie es auf dem ersten Blick erscheint, ist es leider nicht.

Bekanntermaßen beziehen sich die Deutschen Landkarten auf eine »Höhe über NN« (Normal Null) mit dem Amsterdamer Pegel. Leider kann der GPS-Empfänger diese Höhe nicht bestimmen. Er kann nur von mathematisch berechneten Höhen ausgehen. Entweder wird dazu die hier nicht erklärbare Ellipsoidhöhe (geodätische Höhe) oder Geoidhöhe (Quasigeoidhöhe) benutzt. Es ist einzusehen, daß die drei verschiedenen Ausgangspunkte auch zu drei verschiedenen Höhenangaben führen. In Deutschland beträgt die Differenz zwischen der Ellipsoidhöhe und Höhe über NN 35 m im Nordosten und 49 m im Süden.

Alles ganz gut und schön, aber welche Höhe zeigt nun mein GPS-Empfänger an? Damit beginnt das Problem, es gibt keine generellen Festlegungen. Jede Firma benutzt ihr eigenes Verfahren. Auch in den Bedienungsanleitungen werden Sie dazu kaum etwas finden. Genauso schweigen sich die Hersteller aus. Man muß eben selber probieren. Also, einfach an Orten mit bekannten Höhen (Trigonometrischer Punkt, Schnittpunkt einer Höhenlinie) die GPS Höhenanzeige vergleichen. Am einfachsten ist es, wenn der GPS-Empfänger die Ellipsoidhöhe anzeigt. Hier finden Sie auf den neuen Topographischen Karten Angaben zur Umrechnung.

Angabe in den neuen Topographischen Karten

(Freizeitkarte 1:50 000 Siegerland):
Umrechnung aus dem World Geodetic System (WGS84/ ETRS89) in Koordinaten und Höhen der Karte
GPS-Empfänger zur Positionsbestimmung in der Örtlichkeit liefern unter anderem auf das WGS84-Ellipsoid bezogene Geographische Koordinaten und Höhen. Sie können durch Anbringung folgender Werte in Geographische Koordinaten und in NN-Höhen dieses Kartenblattes umgerechnet werden: + 3,4´´ für die Geographische Länge + 4,5´´ für die Geographische Breite -48,0 m für die NN-Höhe

Einige Hersteller speicherten die Korrekturen zwischen den Ellipsoidhöhen und tatsächlicher Höhe in den GPS-Empfänger ab. Allerdings nur als mittlere Korrekturen für ein größeres Gebiet z.B. bei Garmin. Dadurch ist möglich, daß die angezeigte Höhe einmal unter, dann wieder über der wahren Höhe liegt oder auch dieser genau entspricht. Meist kann man davon ausgehen, daß die Handgeräte die korrigierte Höhe über NN und die professionellen Geräte die Ellipsoidhöhe anzeigen.
Was bei der Höhenmessung mit dem GPS-Empfänger zu beachten ist:

- Bei der Wanderung ist die angezeigte Höhe mit einem auf der Karte eindeutig zu identifizierenden Höhenpunkt (Trigonometrischer Punkt, Schnittpunkt von Höhenlinien usw.) zu vergleichen und die Differenz zu berechnen. Bei der Ablesung weiterer Höhen während der Wanderung ist die Differenz zu berücksichtigen. Beachten Sie, daß diese nur für das nähere Umfeld gilt.
- Es ist immer darauf zu achten das mindestens drei Satelliten für die Messung zur Verfügung stehen, besser sind vier und mehr.

- Die Genauigkeit erhöht sich, wenn die Höhe über einen längeren Zeitraum bis zur konstanten Anzeige gemessen wird.
- Die Anzeige der zurückgelegten Wegstrecke, Durchschnittsgeschwindigkeit und Höchstgeschwindigkeit beziehen sich immer auf die zweidimensionale Kartenebene. Der Höhenanstieg bzw. Abstieg bleibt unberücksichtigt (Bild 55).

Befolgen Sie diese Hinweise, sollten die Differenzen nicht über ± 20 m liegen.

7 Ein wenig Kartenkunde

Normalerweise führt eine Route immer zu einem Ziel, mit oder ohne Zwischenstationen (Wegpunkte). Benutzen Sie einen GPS-Empfänger, so müssen die Koordinaten des Ziels bekannt sein. Abgesehen von einer Goto Route oder vorhandenen Koordinaten (auf modernen Karten und in Reiseführern) sind die Werte aus der Karte zu ermitteln und in den GPS-Empfänger einzugeben. Auch der umgekehrte Vorgang d.h. die Bestimmung des Standortes aus der GPS Anzeige, ist von Bedeutung. Alles in allem sind zur exakten Entnahme der Wegpunkte einige Kenntnisse der Kartenkunde notwendig.

Grundvoraussetzung ist eine genaue Karte mit einem geographischen oder geodätischen Gitter und einer Angabe des Kartendatums. Geeignet sind sowohl die amtlichen topographischen Karten als auch die modernen Wander- und Freizeitkarten mit entsprechenden Angaben. Nur wenn es gar nicht anders geht, besonders bei Auslandsreisen kommen auch Karten ohne Gitter in Betracht.

7.1 Der Kartenmaßstab

Verständlicherweise muß auf der Karte die Landschaft verkleinert dargestellt werden. Der Faktor, der das Verkleinerungsverhältnis zwischen der Natur und der Karte angibt, ist der Kartenmaßstab.

Der Kartenmaßstab

Der Kartenmaßstab ist das Verhältnis einer Strecke auf der Karte zu ihrer entsprechenden Strecke in der Natur. Z.B. bedeutet 1:50 000, daß 1 cm auf der Karte 50 000 cm bzw. 500 m in der Natur gleichen.

$$\text{Kartenentfernung (cm)} = \frac{\text{Geländeentfernung (m)} \cdot 100}{\text{Kartenmaßstab}}$$

$$\text{Geländeentfernung (m)} = \frac{\text{Kartenentfernung (cm)} \cdot \text{Kartenmaßstab}}{100}$$

7.2 Die Mißweisung und die drei Nordrichtungen

Obwohl mit der Benutzung des GPS-Empfängers die Mißweisung seine Bedeutung verloren hat, sind doch einige Bemerkungen notwendig. Zum einem läßt sich an jedem GPS-Empfänger der Mißweisausgleich einstellen, zum anderen ist, falls auch bei der Tour der Kompaß benutzt wird, die Einstellung eines Mißweisungsausgleiches zweckmäßig.

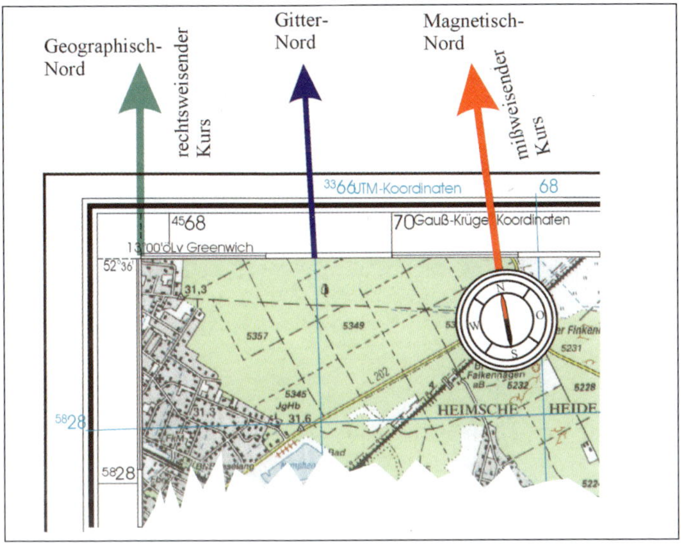

Bild 21 Die drei Nordrichtungen mit dem rechtweisenden und mißweisenden Kurs

Im üblichen Sprachgebrauch versteht man unter der Nordrichtung die Richtung zum Nordpol. Als zukünftige Kartenexperten bezeichnen Sie von jetzt ab diese Richtung als Geographisch-Nord. Eine weitere Nordrichtung ist ebenfalls bekannt. Es ist die Richtung, in welche die Magnetnadel zeigt. Bekanntermaßen zeigt sie nicht zum Nordpol, sondern abseits davon zum magnetischen Nordpol. Diese Nordrichtung ist Magnetisch-Nord. Schließlich gibt es noch das mitunter als Kartennord bezeichnete Gitter-Nord. In diese Richtung verlaufen die senkrechten Linien (Nord-Süd-Gitterlinien) des Kartengitters (UTM Gitter).

Geographisch-Nord

Geographisch-Nord liegt genau auf dem Nordpol. Es ist auch die einzige authentische Nordrichtung. In der Bundesrepublik und in Österreich zeigen die seitlichen Kartenränder der amtlichen topographischen Karten in Richtung zum oberen Kartenrand genau nach Geographisch-Nord.

Magnetisch-Nord

Magnetisch-Nord ist die Richtung, in welche die Magnetnadel zeigt. Sie unterliegt zeitlichen und örtlichen Veränderungen. In vielen Gebieten treten noch örtliche Störungen auf. Nur in Ausnahmefällen stimmt Magnetisch-Nord mit Geographisch Nord überein.

Gitter-Nord

Gitter-Nord ist die Richtung in der die Nord-Süd-Gitterlinien des UTM Gitters zum oberem Kartenrand verlaufen. Zu beachten ist, daß die Gitterlinien meist schief zu den Kartenrändern liegen.

Mißweisung

Weil sich die Magnetnadel des Kompasses nicht zum Nordpol (Geographisch-Nord), sondern zum Magnetpol ausrichtet (Magnetisch-Nord), entsteht eine Differenz; die sogenannte Mißweisung.

Exakt wird die Winkeldifferenz zwischen Geographisch-Nord (senkrechten Kartenrändern) und Magnetisch-Nord (Richtung der Magnetnadel) als Deklination und die Winkeldifferenz zwischen Gitter-Nord (senkrechte Gitterlinien) und Magnetisch-Nord als Nadelabweichung bezeichnet.

Beim GPS-Empfänger wird unter der Mißweisung immer die Differenz zwischen Geographisch-Nord und Magnetisch-Nord verstanden. Je nach der Lage von Magnetisch-Nord gibt es eine östliche (E) oder westliche (W) Mißweisung. Durch die Wanderung des Magnetpols und örtlichen Schwankungen des Magnetfeldes unterliegt eine mißweisend erstellte Tour zeitlichen und örtlichen Schwankungen.

Rechtweisender und mißweisender Kurs

Richtet sich der aktuelle Kurs (HEADING) nach Geographisch-Nord (TRUE NORTH) wird er als rechtweisend WAHR (TRUE) und bei der Ausrichtung nach Magnetisch-Nord (MAGNETIC NORTH) als mißweisend bezeichnet. Oft ist auch zusätzlich eine Ausrichtung nach Gitter-Nord (GRID NORTH) möglich.

In den GPS-Empfängern lassen sich sowohl rechtweisende (TRUE) als auch mißweisende (MAGNETIC) Kurse einstellen. Wurde ein mißweisender Kurs gewählt, so ist die Größe der Mißweisung entweder mit der automatischen Berechnung durch den GPS-Empfänger (AUTO) oder benutzerdefiniert (EIGN) im Navigations- Setup auszuwählen.

Je nachdem welcher mißweisender Kurs im Setup eingestellt wurde, vergrößert sich der Kurs bei einer westlichen (W) und er verkleinert sich bei einer östlichen (E) Mißweisung.

7.3 Kartenrahmen und Kartenrand als wichtige Informationsquelle zur Koordinatenbestimmung

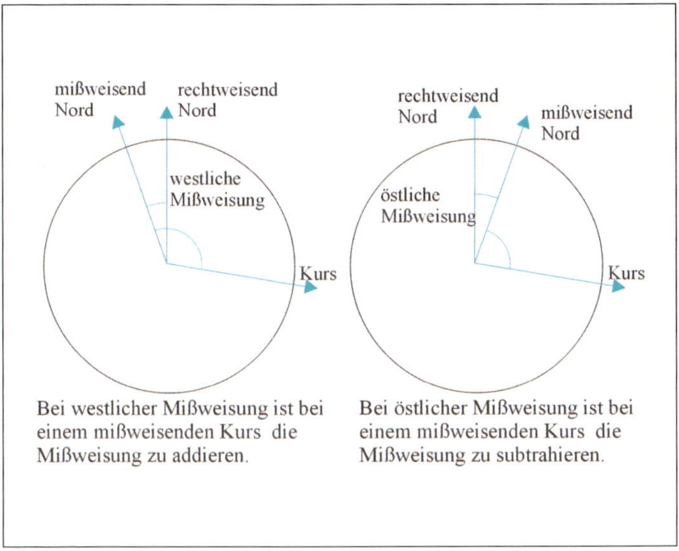

Bild 22 Auswirkung einer westlichen oder östlichen Mißweisung auf den mißweisenden Kurs

Die Grenze zwischen der Karte und dem Rahmenfeld bildet die Minutenleiste. Nach außen wird das Rahmenfeld durch eine fett gedruckte Linie (Abschlußlinie) abgeschlossen. In der Mitte jeder Seitenkante wird die Linie durch die Bezeichnung der anliegenden Nachbarkarte unterbrochen. Innerhalb des Rahmenfeldes liegen die Rechts- und Hochwerte des Gauß-Krüger-Gitters. Außerhalb die Ost- und Nordwerte des UTM Gitters. An den Ecken stehen die geographischen Koordinaten.

Auf der TK 25 (1:25 000) sind im Rahmenfeld die Rechts- und Hochwerte bzw. Ost- und Nordwerte im Abstand von 1 km und auf der TK 50 (1:50 000) im Abstand 2 km numeriert. Die Minutenleiste wird jeweils in einem Abstand von einer Minute markiert. Angaben über die geographische Länge und Breite finden Sie in den vier Ecken des Rahmenfeldes. Dabei steht die geographische Länge im oberen und unteren Rahmenfeld und die geographische Breite im linken und rechten Rahmenfeld.

Innerhalb des Rahmenfeldes stehen meist noch Angaben über den weiteren Verlauf von bedeutungsvollen Straßen und Bahnlinien. Als Gitter ist das UTM Gitter mit blauen Linien eingezeichnet.

Die von den Landesvermessungsämtern herausgegebenen Freizeitkarten besitzen im allgemeinen eine etwas dürftigere Randausstattung. Von Vorteil für den GPS Nutzer ist das eingezeichnete UTM Gitter mit einer Auflösung von $1 km^2$.

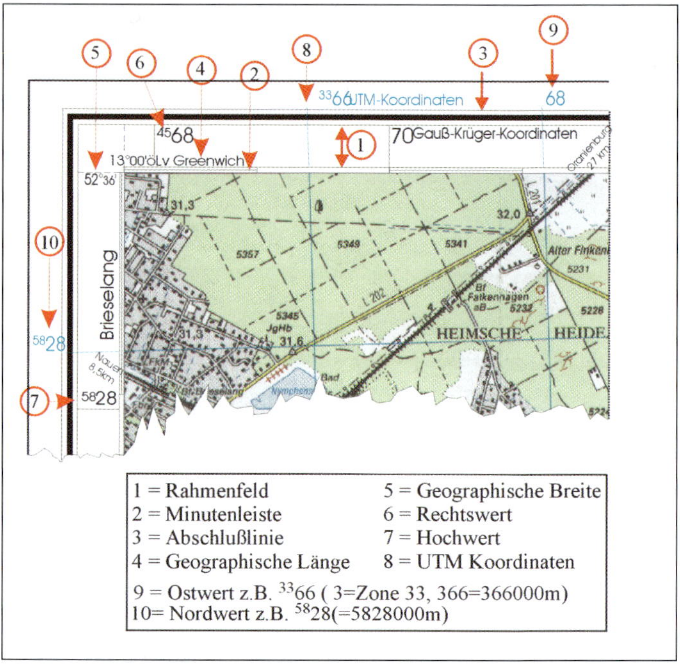

Bild 23 TK 50 Der Kartenrahmen als Informationsquelle

7.4 Kartenzeichen und die Bestimmung der Wegpunkte

Nach Möglichkeit wird auf den Landkarten die Landschaft mit ihren natürlichen und künstlichen Objekten vollständig und maßstabgerecht wiedergegeben. Die einzelnen Objekte werden als Kartenzeichen dargestellt. Mit abnehmendem Kartenmaßstab werden die Objekte in ihrer Darstellung immer mehr vereinfacht (generalisiert). Ein gewundener Weg wird gerade, ein Gebäudekomplex wird zu einem Block. Lassen sich Objekte wegen ihrer geringen Abmessung nicht mehr maßstabgerecht abbilden, bekommen sie ein nicht maßstabgerechtes (überzeichnetes) Kartenzeichen. Auch müssen manche Objekte wie Straßen und Eisenbahnen, um sie überhaupt noch zu erkennen, in einer übertriebenen Breite dargestellt werden. Beim herkömmlichen Wandern mit Karte und Kompaß spielte dieses wegen der ungenauen Methode keine Rolle. Beim Wandern mit dem GPS-Empfänger hat es dagegen schon Sinn, den genauen Standort des durch das Kartenzeichen repräsentierenden Objektes zu kennen. Die übliche Kartenzeichengröße von 1 bis 2 mm bedeutet bei einer 1:50 000 Karte eine Unsicherheit von 50 bis 100 m.

Tabelle 3 Lagebezugspunkte der Kartenzeichen

Typ	Lagebezugs-punkt	Beispiel	
		Symbol	Beschreibung
geschlos-senes Zeichen	im Zentrum	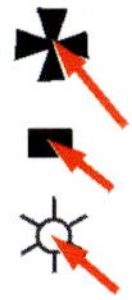	Kirche mit Turm einzelne Gebäude Wassermühle
Zeichen mit beidseitig verlängerter Grundlininie	in der Mitte der Grundlinie		Denkmal Höhle Schornstein
Zeichen mit einseitig verlängerter Grundlinie	auf der Grundlinie, in der Ecke des rechten Winkels		Windmühle Windrad einzelne Bäume
kombinierte Zeichen	im Zentrum des großen Kreises	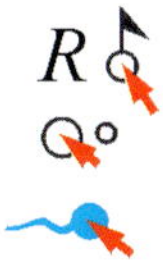	Ruine kleines Waldstück Quelle

Damit Sie bei den nicht maßstabgerechten Kartenzeichen trotz der Überzeichnung den exakten Standort finden, besitzen sie einen Lagebezugspunkt. Die Lage wird vom Typ des Kartenzeichens bestimmt, z.B. Kirchen im Zentrum des Zeichens, Denkmale in Grundlinienmitte. Bei Straßen oder Flüssen ist es eine gedanklich eingefügte Mittellinie.

8 Alles dreht sich um Wegpunkte (Waypoints)

8.1 Allgemeines

Unter dem Begriff »Wegpunkt« wird eine im GPS-Empfänger gespeicherte Position eines Ortes verstanden. Die Position kann durch Markieren des aktuellen Standortes oder, was vorwiegend der Fall ist, per Hand bzw. mit dem PC in den GPS-Empfänger eingegeben werden. Dazu wird die Position des Wegpunktes aus der Karte entnommen. Mitunter tritt der umgekehrte Fall auf, wenn Sie mit Hilfe der Positionsanzeige des GPS-Empfängers Ihren Standort auf der Karte suchen. Die Praxis besteht darin, daß die Entfernungen des Wegpunktes von dem auf der Karte befindlichen Koordinatengitter gemessen, anschließend in Koordinaten umgerechnet und schließlich in den GPS-Empfänger eingegeben werden. Die Entfernungen lassen sich sowohl mit einem Winkeldreieck als auch mit einem Planzeiger bestimmen. Bei Verwendung eines Winkeldreiecks oder eines anderen metrischen Maßstabes muß eine Umrechnung erfolgen. Die Art der Umrechnung richtet sich nach dem auf der Karte befindlichen Koordinatengitter. Zu unterscheiden ist zwischen dem geodätischen (UTM) und dem geographischen Gitter. Beachten Sie, daß beide Gitter sich nicht nur in der Skala (Minuten, Kilometer), sondern auch in der Lage der Gitterlinien unterscheiden. So verlaufen die Gitterlinien des geographischen Gitters parallel und die des UTM-Gitters – in Abhängigkeit von der Entfernung zum Mittelmeridian – schräg zu den Kartenrändern. In jedem Fall erfolgt die Entfernungsmessung immer rechtwinklig zu dem betreffenden Gitter, d.h. beim UTM-Gitter manchmal auch schräg zum Kartenrand.

Ebenso unterscheiden sich die Gitterfelder. Bei dem UTM-Gitter sind es vom Breitengrad unabhängige Quadrate und bei dem geographischen Gitter Rechtecke mit einer unterschiedlichen Skalenbreite der X- und Y-Achse, die außerdem noch vom Breitengrad bestimmt wird. Genau genommen sind es nicht einmal Rechtecke sondern eher Trapeze, die allerdings bei den üblichen Maßstäben nicht in Erscheinung treten.

Weil die Länge der Minutenfelder der Breitengradachse vom Kosinus des Breitengrades (Bild 16) abhängen, wird praktisch für jede Karte mit einem geographischen Gitter ein eigener Planzeiger benötigt. Eigentlich müßten diese noch in Sekunden unterteilt werden. Durch die bei den meisten GPS-Empfängern vorhandene Eingabe von Dezimalminuten läßt sich der Planzeiger dezimal unterteilen. Auch ein Zentimetermaß (Winkeldreieck, Millimeterpapier) können Sie benutzen und die abgelesenen Werte umrechnen.

Einfacher ist es demnach, mit dem UTM-Gitter zu arbeiten. Die abgelesenen Entfernungen in Zentimetern lassen sich unter Berücksichtigung des Kartenmaßstabes schnell in die UTM Koordinaten umrechnen. Außerdem wird für jeden Kartenmaßstab nur ein Planzeiger benötigt. Probleme kann es mitunter geben, falls eine Entfernungsberechnung über einen Zonensprung erfolgt (32U → 33U).

Tabelle 4 Vergleich zwischen dem UTM-Gitter und dem geographischen Gitter

	UTM-Gitter	geographisches Gitter
Anfertigung	verbinden der gleichen Ost- und Nordwerte	verbinden der gleichen Minuteneinteilung
Werte	über dem Rahmenfeld	Minutenleiste
Angabe	zuerst Ostwert dann Nordwert	zuerst Breitengrad dann Längengrad
Vorteile	quadratische Gitternetzfelder, einfache Umrechnung in die GPS Werte	parallel zu den Kartenrändern, keine Probleme beim Zonenwechsel
Nachteile	nicht parallel zu den Kartenrändern, Probleme beim Zonenwechsel	rechteckige Gitternetzfelder

Leider werden die Koordinaten von Sehenswürdigkeiten, Orten und ausgewählten Geländepunkten vorwiegend in geographischen Koordinaten angegeben, sodaß Sie auf das geographische Netz zurückgreifen müssen. Fehlen sämtliche Koordinatenangaben, lassen sich diese nur als relative, auf dem Startpunkt bezogene Koordinaten berechnen.

Sind Sie Besitzer eines PCs, ist die Bestimmung und Eingabe der Wegpunkte (Kapitel 12.1.1) selbstverständlich leichter.

8.2 Werkzeuge zur Ermittlung eines Wegpunktes aus der Karte

Zur Bestimmung der Koordinaten eines Wegpunktes aus der Karte wird entweder ein für die Karte zutreffender Planzeiger oder ein Winkeldreieck (Millimeterpapier) benötigt. Ist auf der Karte kein Gitter eingetragen, so ist es mit einem feinen Bleistift, beim UTM-Gitter durch Verbinden der 2 000 oder 1 000 Meterwerte, bei dem geographischen Gitter durch Verbinden der Minutenwerte sorgfältig einzuzeichnen.

Planzeiger

Wird ein Planzeiger benutzt, muß er erst angefertigt (Kapitel 17.1) oder angeschafft werden. Besitzt Ihre Karte ein UTM-Gitter, gibt es keine Probleme. Die für beide Schenkel gültige Skaleneinteilung berechnet sich recht leicht nach der Formel:

$$\text{100 Meter entsprechen } \frac{100\,000}{\text{Kartenmaßstab}} \text{ Millimeter}$$

So steht bei einem Planzeiger für eine 1:50 000 Karte mit einer Skaleneinteilung von 100 m alle 2 mm ein Skalenstrich.

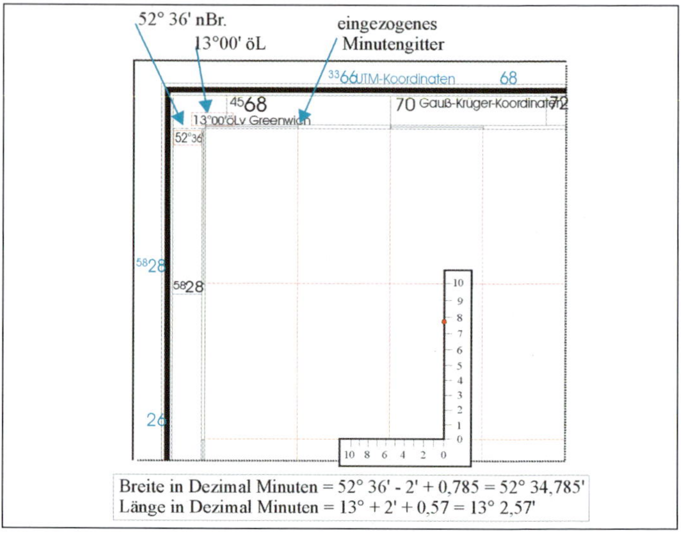

Bild 24 Wegpunktentnahme mit einem Planzeiger im geographischen Gitter (1:50 000 Karte)

Bei dem geographischen Gitter, mit der für die beiden Schenkel unterschiedlichen und von der geographischen Breite abhängigen Skaleneinteilung berechnet sich die Länge eines Minutenfeldes:
für den Y-Schenkel (Nordwert)

$$\text{Länge Minutenfeld (cm)} = \frac{1{,}852 \cdot 100\,000}{\text{Kartenmaßstab}}$$

für den X-Schenkel (Ostwert)

$$\text{Länge Minutenfeld (cm)} = \frac{1{,}852 \cdot 100\,000 \cdot \cos\,(\text{Breitengrad})}{\text{Kartenmaßstab}}$$

Die Länge ist dann entsprechend den Möglichkeiten des GPS-Empfängers dezimal (Dezimalminute) oder in Sekunden zu unterteilen.

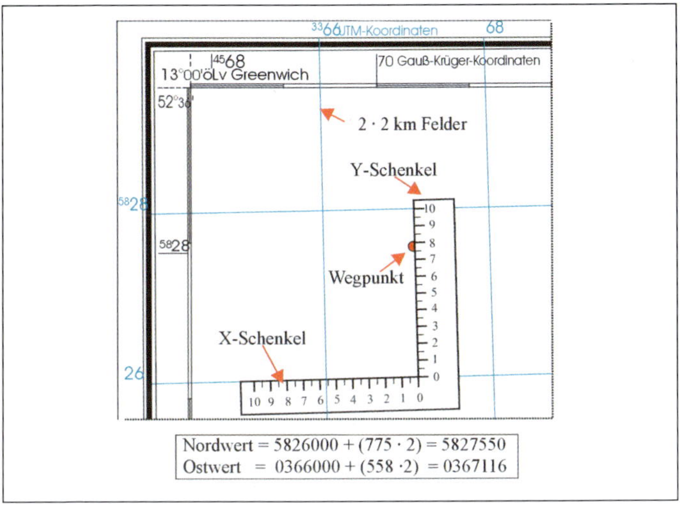

Bild 25 Wegpunktentnahme mit einem Planzeiger im UTM-Gitter (1:50 000 Karte; N 5 827 550, 33 367 116)

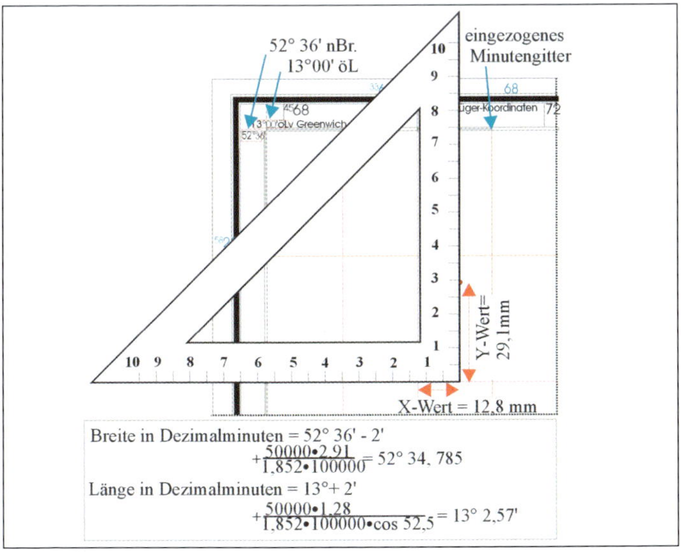

Bild 26 Wegpunktentnahme mit einem Winkeldreieck im geographischen Gitter (1:50 000 Karte)

Der Vorteil besteht darin , daß sich ein handelsübliches Winkeldreieck benutzen läßt, allerdings sollten beide Schenkel eine Skala besitzen und der Nullpunkt im rechten Winkel liegen. Gute Dienste leistet auch ein Millimeterpapier. Nachteilig ist die anschließende Umrechnung.

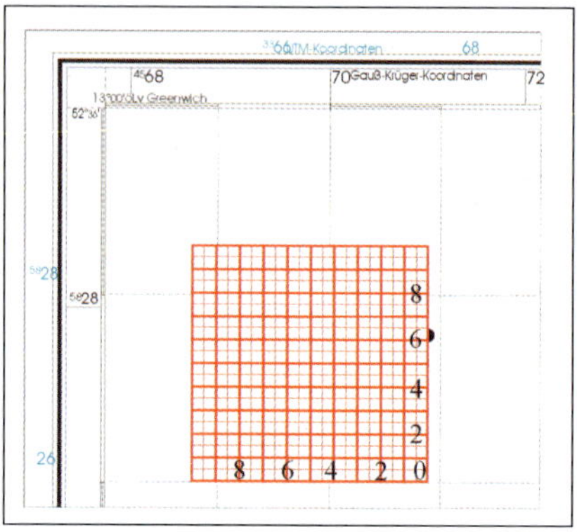

Bild 27 Wegpunktentnahme mit Millimeterpapier

8.3 Wegpunkte: Übertragung der Kartenwerte auf dem GPS-Empfänger

8.3.1 Prinzip der Ermittlung der Wegpunktkoordinaten aus der Karte

Unabhängig von dem benutzen Werkzeug:

Algorithmus
Entnahme der Wegpunkte aus der Karte

1. Den Planzeiger oder das Winkeldreieck mit dem X-Schenkel an eine Ost-West Gitterlinie anlegen, dabei beachten, daß die Gitterlinien des UTM Gitters bisweilen schräg zu den Seitenkanten verlaufen.
2. Den X-Schenkel auf der Gitterlinie verschieben, bis der Y-Schenkel an dem gesuchten Ort anliegt.
3. Am Y-Schenkel den Wert ablesen und diesen entsprechend der Bild 24, 25 und 28 bei Benutzung eines Planzeigers zu dem nächsten Gitterwert (Rechtswert, Breitengrad) addieren bzw. davon subtrahieren. Bei dem Winkeldreieck (Millimeterpapier) die Zentimeter ablesen.
4. Am X-Schenkel des Planzeigers den Wert ablesen und diesen entsprechend der Bild 24, 25 und 28 zu dem angelegten Gitterwert (Hochwert, Längengrad) addieren bzw. subtrahieren. Sonst einfach die Zentimeter ablesen.

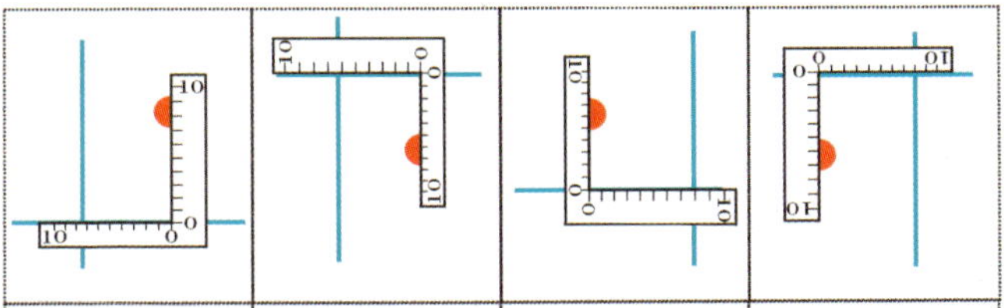

nördliche Breiten, östliche Längen			
Breitenwerte + Längenwerte +	Breitenwerte - Längenwerte +	Breitenwerte + Längenwerte -	Breitenwerte - Längenwerte -
nördliche Breiten, westliche Längen			
Breitenwerte + Längenwerte -	Breitenwerte - Längenwerte -	Breitenwerte + Längenwerte +	Breitenwerte - Längenwerte +
südliche Breiten, östliche Längen			
Breitenwerte - Längenwerte +	Breitenwerte + Längenwerte +	Breitenwerte- Längenwerte -	Breitenwerte + Längenwerte -
südliche Breiten, westliche Längen			
Breitenwerte - Längenwerte -	Breitenwerte+ Längenwerte -	Breitenwerte- Längenwerte +	Breitenwerte + Längenwerte +
UTM Gitter			
Nordwerte + Ostwerte +	Nordwerte - Ostwerte +	Nordwerte + Ostwerte -	Nordwerte - Ostwerte -

Bild 28 Abhängigkeit der Addition oder Subtraktion der Planzeigerwerte von der Richtung des angelegten Planzeigers

8.3.2 Berechnung der Koordinaten aus Planzeigerwerten

Geographisches Gitter

Zur Berechnung der geographischen Koordinaten sind zunächst die an den Ecken des Kartenfeldes stehenden Koordinaten abzulesen (Breite und Länge). Dazu kommen die am Planzeiger anliegenden Minutenfelder, je nach der Lage des Planzeigers (Bild 24 und 28). Schließlich werden noch entsprechend der Richtung des angelegten Planzeigers (Bild 24 und 28) die dort abgelesenen Werte als Dezimalgrad oder Sekunde addiert oder subtrahiert.

Beispiel

Berechnung der geographischen Koordinaten eines Wegpunktes aus den Planzeigerwerten (Bild 24)

An der oberen linken Ecke des Kartenfeldes steht für die Breite 52° 36' (nBr). Davon sind 2 Minuten (Minutenfelder) bis zum angelegten Planzeiger zu subtrahieren, also 52° 34', dazu kommen noch unter Berücksichtigung der Stellung des Planzeigers (Bild 27) 0,785 Dezimalminuten. Der ausgewählte Wegpunkt liegt demnach bei 52°34,785' nBr. Zu der ebenfalls in der oberen Ecke stehenden Länge von 13° 00' öL werden 2 Minuten plus dem Planzeigerwert von 0,57 addiert also 13° 2,57'. Diese Werte sind unter Berücksichtigung, daß N für Nord und E für Ost steht, in den GPS-Empfänger einzugeben.

UTM (Gauß-Krüger-Gitter)

Bei einem UTM-Gitter muß der Planzeiger eine für den Kartenmaßstab zutreffende metrische Einteilung besitzen. Die abgelesenen Werte werden einfach, entsprechend der Richtung des angelegten Planzeigers zu den UTM Koordinaten addiert bzw. davon subtrahiert.

Beispiel

Berechnung der UTM Koordinaten eines Wegpunktes aus den Planzeigerwerten (Bild 25)

Der Planzeiger liegt an der Nord-Gitterlinie $^{58}26$ oder in Metern 5826000 ausgedrückt und rechts der Ost-Gitterlinie $^{33}66$ oder in Metern 366000 (die erste Stelle der Hochzahl bezieht sich auf die letzte Stelle des Zonenbandes). Zu diesen Werten sind die Planzeigerwerte zu addieren. Weil die Karte ein 2 km Gitter besitzt, sind die Werte mit zwei zu multiplizieren. Damit berechnet sich ein Nordwert von 5 826 000 +(775·2) = 5 827 550 und ein Ostwert von 366 000 +(558·2)= 367 116. Verlangt der GPS-Empfänger bei der Eingabe des Ostwertes eine siebenstellige Zahl, so ist eine Null vorzusetzen 0 367 116.

8.3.3 Aus metrischen Werten (Winkeldreieck, Millimeterpapier)

Geographisches Gitter

Zur Umrechnung der metrischen Werte in geographische Koordinaten lassen sich folgende Formeln benutzen:

Y-Werte in Breitenwerte in Sekunden

$$\text{Breitengradabstand in Sekunden} = \frac{\text{Kartenmaßstab} \cdot 60}{1{,}852 \cdot 100\,000} \cdot \text{cm}$$

$$\text{Beispiel (Bild 26)}\ \frac{50\,000 \cdot 60 \cdot 2{,}91}{1{,}852 \cdot 100\,000} = 47{,}1''$$

in Dezimalminuten

$$\text{Breitengradabstand in dmin} = \frac{\text{Kartenmaßstab}}{1{,}852 \cdot 100\,000} \cdot \text{cm}$$

$$\text{Beispiel } \frac{50\,000 \cdot 2{,}91}{1{,}852 \cdot 100\,000} = 0{,}785 \text{ dmin}$$

X-Werte in Längenwerte
in Sekunden

$$\text{Längengradabst. in Sekunden} = \frac{\text{Kartenmaßstab} \cdot 60}{1{,}852 \cdot 100\,000 \cdot \cos(\text{Breite})} \cdot \text{cm}$$

$$\text{Beispiel } \frac{50\,000 \cdot 60 \cdot 1{,}28}{1{,}852 \cdot 100\,000 \cdot \cos(52{,}5)} = 34{,}1''$$

in Dezimalminuten

$$\text{Breitengradabstand in dmin} = \frac{\text{Kartenmaßstab}}{1{,}852 \cdot 100\,000 \cdot \cos(\text{Breite})} \cdot \text{cm}$$

$$\text{Beispiel } \frac{50\,000 \cdot 1{,}28}{1{,}852 \cdot 100\,000 \cdot \cos(52{,}5)} = 0{,}568 \text{ dmin}$$

UTM (Gauß-Krüger-Gitter)

Die abgelesenen Zentimeter lassen sich ganz einfach in UTM Gitterwerte umrechnen.
UTM Werte in Metern

$$\text{Gitterwert in Meter} = \frac{\text{Kartenmaßstab}}{100} \cdot \text{cm}$$

Sowohl die berechneten Geographischen Koordinaten als auch die UTM Koordinaten sind dann je nach der Lage des Winkeldreiecks (Bild 28) den im Rahmenfeld befindlichen Werten zuzufügen oder abzuziehen.

8.4 Standortbestimmung: Übertragen der GPS-Anzeige auf die Karte

8.4.1 Anpassung der Anzeige an die Karte

Die GPS-Anzeige wird entsprechend dem auf der Karte befindlichen Gitter in ganze Zahlen und Nachkommastellen gespalten:

Geographischen Gitter:
Grad:Minute und Sekunde oder Dezimalminute
Beispiele:

52° 13' 15" in 52°13' und 15"
52° 13,25' in 52° 13' und 0,25'

UTM-Gitter

Kilometer und Meter

Beispiele:

5 794 775 in 5 794 (^{57}94) und 775
33 U 0 406 784 in 406 (^{34}06) und 784

(bei dem Ostwert wird die letzte Ziffer des Zonenfeldes vorangestellt)

Den ersten Teil der aufgespalteten Zahlen finden Sie im Rahmenfeld der Karte, der zweite Teil ist mit Hilfe eines Planzeigers auf der Karte zu suchen. Wird ein metrischer Planzeiger (Winkeldreieck, Millimeterpapier) benutzt, sind die Werte umzurechnen.

8.4.2 Umrechnung der GPS Anzeige in metrische Werte
Die Umrechnung betrifft nur den zweiten Teil der aufgespalteten Koordinatenanzeige (8.4.1).

Geographisches Gitter

Breitengrad in Y-Werte
Breitengradanzeige Grad: Minute:Sekunde

$$\text{Y} - \text{Wert in cm} = \frac{1{,}852 \cdot 100\,000}{\text{Kartenmaßstab} \cdot 60} \cdot \text{Sekunde}$$

Beispiel (Bild 26) Breitengrad N 52° 34' 47,1"

$$\frac{1{,}852 \cdot 100\,000}{50\,000 \cdot 60} \cdot 47{,}1 = 2{,}91 \text{ cm}$$

Breitengradanzeige Grad:Dezimalminute

$$\text{Y} - \text{Wert in cm} = \frac{1{,}852 \cdot 100\,000}{\text{Kartenmaßstab}} \cdot \text{Nachkomma dmin}$$

Beispiel (Bild 26) Breitengrad N 52° 34,785"

$$\frac{1{,}852 \cdot 100\,000}{50\,000} \cdot 0{,}785 = 2{,}91 \text{ cm}$$

Längengrad in X-Werte
Längengradanzeige Grad:Minute:Sekunde

$$X - \text{Wert in cm} = \frac{1{,}852 \cdot 100\,000 \cdot \cos(\text{Breite})}{\text{Kartenmaßstab} \cdot 60} \cdot \text{Sekunde}$$

Beispiel (Bild 26)Längengrad E 0 13° 02' 34,1"

$$\frac{1{,}852 \cdot 100\,000 \cdot \cos(52{,}5)}{50\,000 \cdot 60} \cdot 34{,}1 = 1{,}28 \text{ cm}$$

Längengradanzeige Grad:Dezimalminute

$$X - \text{Wert in cm} = \frac{1{,}852 \cdot 100\,000 \cdot \cos(\text{Breite})}{\text{Kartenmaßstab}} \cdot \text{Nachkomma dmin}$$

Beispiel (Bild 26) Längengrad E 0 13° 02,568'

$$\frac{1{,}852 \cdot 100\,000 \cdot \cos(\text{Breite})}{50\,000} \cdot 0{,}568 = 1{,}28 \text{ cm}$$

8.4.3 Praxis der Übertragung der GPS-Werte auf die Karte und suchen des Standortes

Nach Berechnung des X und Y Abstandes von den nächsten Gitterlinien läßt sich der Standort schnell auf der Karte finden

Algorithmus

Suchen des Standortes aus der GPS Anzeige

1. Grobeinstellung: Planzeiger oder Winkeldreieck mit dem X-Schenkel an die nächste, dem ersten Teil des gespaltenen Breitengrades auf die Minute bzw. des Nordwertes auf die Kilometer genau entsprechende Linie anlegen. Dabei beachten, daß die Gitterlinien des UTM Gitters schräg zu den Seitenkanten verlaufen.
2. Feineinstellung: Den X-Schenkel soweit verschieben bis die kreuzende Nord-Südlinie akkurat an den berechneten Sekunden, Nachkommastellen der Dezimalminuten oder Metern anliegt.
3. Am Y-Schenkel den Wert suchen der exakt den berechneten Sekunden, Nachkommastellen der Dezimalminuten oder Metern entspricht.

9 Der GPS-Empfänger

9.1 Übersicht

In der Grundausstattung stimmen die GPS-Empfänger überein. Jeder Empfänger besitzt ein Display, Wahltasten zur direkten Ansteuerung einer Funktion und zum Blättern von einer Seite zur anderen. Schließlich stehen noch Pfeiltasten zur Ansteuerung eines Eingabefeldes und Wählen von alphanumerischen Zeichen bereit. Vorwiegend sind die Tasten ober- oder unterhalb des Displays angeordnet, nur bei kleinen Geräten befinden sich die Tasten, um Platz zu sparen, an den Schmalseiten des GPS-Empfängers. Auch der einfachste Empfänger zeigt die aktuelle Position, den aktuellen Kurs, die Peilung zum Zielpunkt, die aktuelle Geschwindigkeit, die Entfernung zum Ziel und die verbleibende Zeit bis zum Ziel an, meist noch die Höchstgeschwindigkeit, Durchschnittsgeschwindigkeit und zurückgelegte Wegstrecke. Sämtliche GPS-Empfänger gestatten das Speichern von Wegpunkten und deren Zusammenstellung zu Routen. Heute verfügen die GPS-Empfänger größtenteils über ein graphisches Display. Damit lassen sich schon Routenskizzen mitunter sogar Landkarten darstellen. Neben den einfachen Schwarz-Weiß Display bietet der Handel auch Geräte mit einem Farbdisplay an.

Die Grundfunktionen des GPS-Empfängers werden auf dem Display als sogenannte Seiten dargestellt. Jede Seite läßt sich entweder direkt vom GPS-Empfänger anwählen oder wie bei dem GPS 12 von Seite zu Seite blättern. Zu unterscheiden sind:

- Setupseiten zur Einstellung der Funktionsweise (Betriebsart, Einstellung der Kartenbezugssysteme, Ortszeit, magnetische Mißweisung, Schnittstelle zum PC und Antennen, Maßeinheiten, Kartendarstellung, Speicherung der TrackLog),
- Anzeigeseiten zur Darstellung der Arbeit des GPS-Empfängers (Satellitenseite, Positionsseite, Kartenseite, Navigationsseite, Höhenseite),
- Verwaltungsseiten zur Eingabe und Verwaltung (Wegpunkte, Routen, Annährungswegpunkte),
- Funktiontasten zur direkten Wahl von Funktionen (GOTO-Funktion, Markierungsfunktion, MOB-Funktion).

Mit den einzelnen Setups wird der GPS-Empfänger eingerichtet. Dieses betrifft sowohl die Arbeit des Empfängers (z.B. Stromsparen) als auch die Wahl der Koordinatensysteme. Schon die GPS-Empfänger der unteren Preisklasse besitzen eine Satelliten-, Navigations- und Kompaßseite. Auf der Satellitenseite wird der aktuelle Stand der Satelliten angezeigt, mit dieser Darstellung läßt sich die Sicherheit der Positionsanzeige (2D oder 3D) abschätzen. Sind die Satellitenpositionen bekannt, ist eine Voraussage über eine Abschattung der Signale z.B. durch Berge möglich.

Die Positionsseite (bei manchen Empfängern mit der Satellitenseite zusammengefaßt) zeigt den aktuellen Standort und häufig auch die Bewegungsrichtung graphisch, den Kurs, Geschwindigkeit und Reisekilometer numerisch an. Bei einigen GPS-Empfängern finden sich letztere Angaben auch auf der Navigationsseite. Die Kartenseite dient der Darstellung der aktuellen Position, der Strecke des zurückgelegten Weges, der naheliegenden Wegpunkte und aktuellen Route. Spitzengeräte zeigen darüber hinaus Kartenausschnitte auf Grundlage fest eingespeicherter Straßenkarten. Die Peilung, Entfernung und Zeit bis zum gewählten Wegpunkt stehen auf der Navigationsseite. Oft ergänzt durch eine graphische Ansicht der Kompaßrose. Viele GPS-Empfänger stellen noch zusätzlich eine Autobahnnavigationsseite für geradlinige Strecken (Seenavigation) zur Verfügung.
Bei modernen GPS-Empfänger wird auf der Satellitenseite noch die Position der ESTB-Satelliten dargestellt.

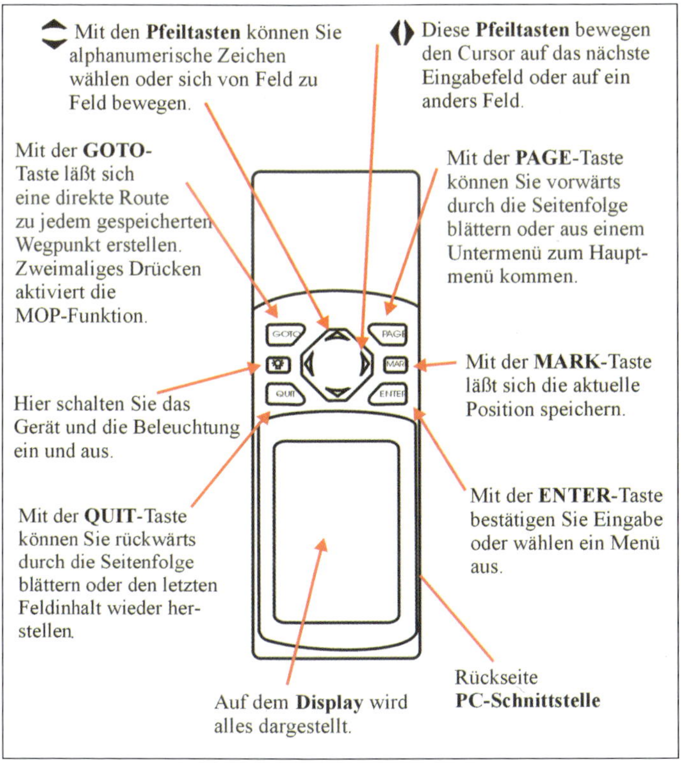

Bild 29 Prinzipskizze eines GPS-Empfängers

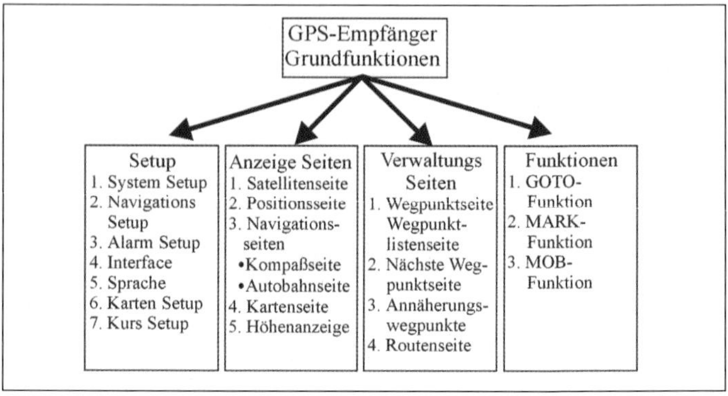

Bild 30 Grundfunktionen des GPS-Empfängers

Übersichtliche Verwaltungsseiten erleichtern wesentlich die Einrichtung neuer Wegpunkte und Routen. Auch die Verbindung mit dem PC läuft über diese Seiten. Hier werden die Wegpunkte vom GPS-Empfänger zum PC gesendet bzw. empfangen.

Fast sämtliche Geräte sind mit einer auf der Rückseite angebrachten I/O-Schnittstelle (input/output) zum Anschluß eines Computers ausgestattet. Ebenfalls auf der Rückseite befindet sich bei hochwertigen GPS-Empfängern eine Anschlußmöglichkeit für eine passive oder aktive Zusatzantenne. Das Batteriefach ist je nach Gerätetyp von der Seite oder von der Rückseite zugänglich.

9.2 Wichtige Hinweise

Betriebsart

Oft besteht die Möglichkeit zwischen mehreren Betriebsarten zu wählen. So läßt sich der GPS 12 im Normalmodus, Stromsparmodus und Simulatormodus betreiben. Der Simulatormodus gestattet den Betrieb ohne Satellitenempfang. Dadurch werden zum einem die Batterien geschont, zum anderen lassen sich die Anzeigen auf der Positionsseite verstellen. Der Vorteil des Stromsparmodus besteht vor allem darin, daß nur alle 5 bis 10 Sekunden eine Messung erfolgt, im Gegensatz zum Normalmodus mit einer Frequenz von 2 bis 2,5 Sekunden.

Datum- und Uhrzeiteinstellung

Datum und Uhrzeit senden die Satelliten zum GPS-Empfänger, sie lassen sich nicht verändern. Unabhängig von dem Standort arbeiten sie mit der UTC (Universal Time Coordinated), einer auf Greenwich (Weltzeit) bezogenen Zeit. Gegenüber dieser Zeit ist die Zeit am Standort (Zonenzeit) um einen bestimmten Betrag versetzt. Meistens läßt sich der Zeitversatz unter »VERSATZ« (OFFSET) einstellen. Zuweilen müssen Sie aber die Einstellung durch direkte Eingabe der aktuellen Zonenzeit vornehmen. Da die Umstellung der Zonenzeit eine gewisse Zeit erfordert, wird die angezeigte Zeit immer etwas, wenn auch nur geringfügig, nachgehen. In solch einem Fall ist es dann besser mit der UT (UTC) zu arbeiten und die Differenz zur Zonenzeit beim Ablesen zu addieren bzw. zu subtrahieren.

Vergessen Sie auch nicht das Umstellen auf die Sommer- bzw. Winterzeit. Zu beachten wäre, daß die Uhr nur präzise geht, wenn der GPS-Empfänger auch Satellitensignale empfängt. Sonst benutzt er eine interne Quarzuhr, die nicht so genau ist.

Überprüfung der Sonnenauf- und Sonnenuntergangsanzeige

Gleichzeitig mit der Einstellung des Zeitversatzes können Sie überprüfen, ob die meist im Hauptmenü zu findende Sonnenauf- und Sonnenuntergangszeit (S-AUFG bzw. S-UNTG) sich nach der UTC oder nach der Zonenzeit richtet. Dazu ist vor der Einstellung des Zeitversatzes also mit UTC, der Sonnenaufgang für den aktuellen Tag und der aktuellen Position abzulesen. Danach kann der Zeitversatz eingegeben werden. Hat sich die Zeit nach der Umstellung nicht verändert, benutzt der Empfänger die UTC für die Anzeige des Sonnenaufgangs. Im anderen Fall die Zonenzeit, was normalerweise der Fall ist.

Einstellung der Hintergrundbeleuchtung

Die Dauer der Hintergrundbeleuchtung ist stufenweise einstellbar. Bedenken Sie, daß die Beleuchtung viel Strom verbraucht. Da sich der GPS-Empfänger beim Tragen gelegentlich unbemerkt einschaltet, wird zur Sicherheit die kürzeste Zeit gewählt.

Einstellung des Koordinatensystems

Durchweg ist die geographische Breite und Länge in Grad und Minuten (hddd°mm.mmmm' bzw. DEGMIN) voreingestellt. Das h steht für header und weist darauf hin, daß vor den Koordinaten noch N oder S bzw. E oder W steht. Das d bezieht sich auf die Grad (degrees) und mm.mmm auf die Minuten mit zwei Dezimal und drei Nachkommastellen. Weiterhin ist es möglich, Grad, Minuten und Sekunden (hddd°mm'ss.s" bzw. DEGMINSEC) zu wählen, oder nur Grad (hddd.ddddd°) sowie die UTM/UPS-Koordinaten und eine Reihe von nationalen Gittern wie das Gauß-Krüger-Gitter (German Grid). Letzteres läßt sich allerdings nicht bei jedem GPS-Empfänger einstellen. Die Option USER GRID ermöglicht die Anfertigung eines anwenderdefinierten Koordinatenformats durch Eingabe der Faktoren »Länge des Ursprungs«, »Maßstab« und »Versatz« in Ost- und Nordrichtung. Nähere Informationen erhalten Sie im Internet unter http://home.t-online.de/home/kontext/mapdatum.htm.

Auf jeden Fall aber muß das eingestellte Koordinatensystem und Kartendatum mit der verwendeten Karte übereinstimmen.

Hinweis

Die voreingestellten Werte sollten immer vor Beginn der praktischen Arbeit kontrolliert und bei Notwendigkeit umgestellt werden.

Einstellung des Kartendatums

Eine große Bedeutung besitzt das Kartendatum. Ein falsch eingestelltes Kartendatum führt wie gesagt zu erheblichen Abweichungen bei der Positionsanzeige.

Auf den GPS-Empfängern ist immer das WGS84 voreingestellt, dieses wird in Deutschland erst in jüngerer Zeit benutzt. Bis etwa 1998 galt das Potsdam Datum, welches allerdings nicht auf allen GPS-Empfängern zur Verfügung steht. Falls Sie eine Karte mit Potsdam Datum benutzen und sich dieses nicht auf Ihren GPS-Empfänger einstellen läßt, ist eine Umrechnung mit den im Kapitel 6.4 angeführten Näherungslösungen vorzunehmen.

Einstellung der Kursabweichungsskala

Die Kursabweichungsskala bezieht sich auf die Autobahnseite. Die Skala begrenzt die Anzeige links und rechts des Sollkurses. Je kleiner die gewählte Skala, desto enger wird die Bahn zum Ziel.

Wahl der Maßeinheit

Gewöhnlich lassen sich unter »EINH:« metrische (METRIS), englische (STATUTE) und nautische (SEEMEILE) Einheiten einstellen. Bei dem GPS 300 erfolgt die Einstellung im »SETUP UNITS«. Für die metrische Einstellung ist KM-KPH, für die englische MI-MPH und für die nautische NM-KTS zu wählen.

Welche Mißweisung muß ich einstellen?

Die Anzeige des Soll- und aktuellen Kurses läßt sich auf magnetisch Nord, mit einer automatischen (AUTO) oder benutzerdefinierten (EIGN) Berechnung sowie auf geographisch Nord (WAHR) oder auf Gitternord (NETZ) einstellen. Bisweilen aber auch nur auf magnetisch (MAGNETIC) oder geographisch Nord (TRUE). Bei der Einstellung »AUTO« greift der GPS-Empfänger auf seine für jedes Gebiet der Erde gespeicherten Deklinationswerte zurück. Mit »EIGN« ist die Größe und Richtung Ost (E) oder West (W) der Deklination per Hand einzugeben. Dieses ist sinnvoll bei einer Tour in einem Gebiet mit starken örtlichen Magnetfeldschwankungen. Benutzen Sie bei der Tour eine Karte, wird geographisch Nord (WAHR) gewählt. Wollen Sie aber den Kompaß entsprechend dem angezeigten Kurswinkel (Marschrichtungszahl) einrichten, verwenden Sie magnetisch Nord (AUTO), vorausgesetzt Sie haben am Kompaß kein Mißweisungsausgleich eingestellt. Im anderen Fall nehmen Sie geographisch Nord (WAHR).

Die bei dem GPS 12 unter der Mißweisungseinstellung befindliche Option sollte immer auf Grad eingestellt bleiben.

Einstellung des Karten Setups

Das Karten Setup erlaubt die Festlegung der Darstellung der Wegpunkte auf der Kartenseite. Beachten sollten Sie die Ausrichtung der Kartenseite, die gleichzeitig mit für die Satellitenseite gilt. Zur Wahl steht im Setup »Norden oben« (NORD UP, NORTH UP), »Kursrichtung oben« (KURS UP, TRACK UP) und »Sollkurs oben« (DTK UP). Bei »NORD UP« (Gitternord) erfolgt die Anzeige immer ohne Berücksichtigung der Mißweisung.

Die Einstellung »NORD UP« eignet sich für Wanderungen mit der Karte, »TRACK UP« bietet Vorteile bei der Orientierung (befindet sich der Sollkurs auf dem Display rechts vom Kurs, liegt er im Gelände auch rechts). »DTK UP« ist günstig, sofern der Sollkurs nicht eingehalten werden kann.

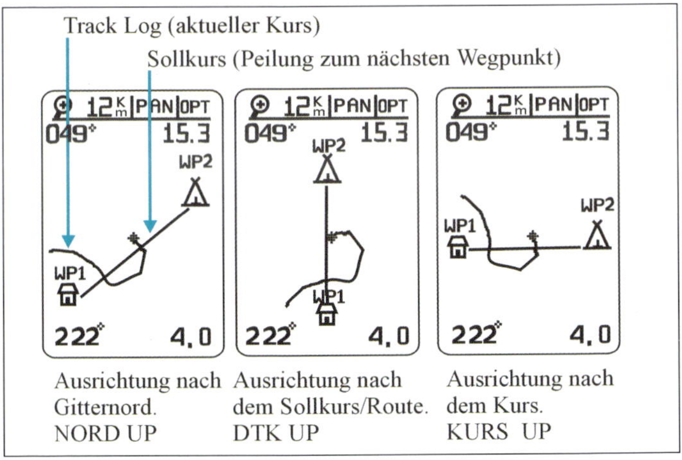

Bild 31 GPS 12 Einstellung der Ausrichtung der Kartenseite

Die Kursspeicherung und die TrackBack-Funktion

Das Kurs Setup bestimmt, nach welcher Methode der Kurs als TrackLog gespeichert und angezeigt wird. Die Einstellung ist notwendig, da der GPS-Empfänger nur eine bestimmte Speicherkapazität besitzt. Auch der Gebrauch der TrackBack-Funktion hängt davon ab. Unter TrackBack versteht man die Zurückverfolgung des aktiven Kurses vom momentanen Punkt bis zum Ausgangspunkt. Grundlage ist der gespeicherte Kurs (TrackLog).

Zur Wahl der Kursaufzeichnung stehen die Einstellungen »AUS« (OFF), »FÜLL« (FILL) und »WRAP« zur Verfügung. Die nicht zu empfehlende Einstellung »FÜLL« beendet nach einer Warnung die Aufzeichnung. Wurde vor der Route vergessen, die alte Aufzeichnung zu löschen, kann der Speicher schnell vollaufen, und damit ist kein auf die Route bezogener TrackBack mehr möglich. Hier hilft nur nach der Warnmeldung ein Umschalten zur WARP-Funktion. In diesem Status überschreibt der GPS-Empfänger die Anfangswerte. Auf jedem Fall ist es sicherer, vor Beginn einer neuen Route den Speicher mit der Funktion »LÖSCH LOG?« (CLEAR LOG?) zu löschen. Die alte Tour läßt sich zuvor, wie im Kapitel 12.2 beschrieben, auf dem Computer speichern.

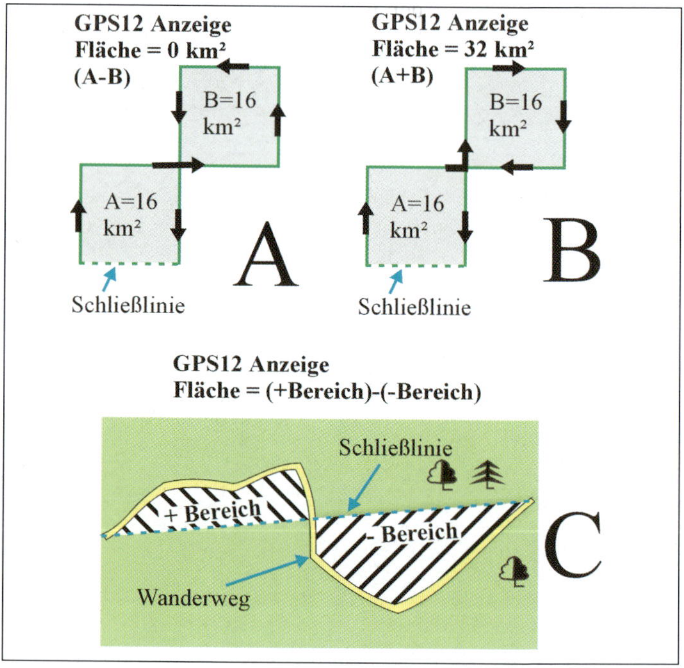

Bild 32 Die problematische Flächenberechnung bei den GPS-Empfängern (Erklärung im Text)

Die problematische Flächenberechnung

Wichtig ist die Art der Speicherung der Kursdaten. Mit der optimalen Einstellung »AUTO« werden die Kursdaten nur bei Richtungs- und Geschwindigkeitsänderungen gespeichert. Diese

Einstellung bewährt sich besonders bei Verwendung der Track-Back-Route. Die Funktionen »SPEICHER« und »FLÄCHE« dienen nur zur Anzeige, eine Veränderung ist nicht möglich. Die Darstellung der Fläche bedarf einer Erklärung. So berechnet der GPS 12 die Fläche unter einer absolvierten Route (TrackLog) erst, nachdem er am Ende der Route eine Schließlinie zum Anfang gezogen hat. Alles was oberhalb der Schließlinie liegt, erhält das Vorzeichen »+« und was unterhalb liegt das »-«. Sind beide Flächen gleich, zeigt der GPS 12 den Wert 0 km^2 an, was natürlich Unsinn ist. Aus diesem Grund besitzt die Anzeige bei einer Route keinen Wert. Interessant ist die Funktion, falls Sie die Fläche eines Objektes z.B. einen See oder ein Feld durch Umgehen oder Umfahren bestimmen wollen. Beachten Sie dabei die Richtung der Umgehung (Bild 32).

Erfolgt wie bei **A** in der Bild 32 die Umgehung durch eine Kreuzung der Fläche A und B, kommt es zu einer Subtraktion. Bei einer äußeren Umgehung wie in **B** werden die Flächen addiert. Bemerkenswert ist, daß einige Computerprogramme wie »Fugawi« die Flächen einer Route sowohl unterhalb als auch oberhalb der Schließlinie addieren, also richtig berechnen.

Bei jeder Tour ist von Zeit zu Zeit zur Satellitenseite zu blättern

Aus der Satellitenstatusseite ist ersichtlich, welche Satelliten über dem Horizont stehen und ob eine Abschattung erfolgt. Auf der Seite erhalten Sie weiterhin Informationen über die Zuverlässigkeit der Positionsanzeige, was besonders bei der Interpretation der Höhenanzeige interessiert.

Die Darstellung des Satellitenstatus ist bei den einzelnen GPS-Empfängern unterschiedlich. Aber immer wird zuerst der Himmel nach den im GPS-Empfänger gespeicherten und für das betreffende Datum, Zeit und den Ort zur Verfügung stehenden Satelliten abgesucht. Stehen genügend Satelliten bereit, schalten die Empfänger automatisch auf eine andere Seite um.

Die Position der einzelnen Satelliten wird aus der Vogelperspektive dargestellt. Der äußere Kreis bildet den Horizont, der innere Kreis die Höhe 45° über dem Horizont und der Kreismittelpunkt den senkrecht über dem Betrachter befindlichen Beobachtungspunkt (Zenit).

Weiterhin besteht die Gelegenheit die Skyview-Anzeige entweder nach Norden, nach dem Sollkurs oder dem aktuellen Kurs auszurichten. Wobei die Ausrichtung nach dem aktuellen Kurs Vorteile bietet. Oberhalb der Skyview-Anzeige wird links der Status (2D oder 3D) und rechts der geschätzte momentane horizontale Positionsfehler (EPE) in Fuß oder Metern angezeigt.

Empfängt der GPS-Empfänger nach 5 Minuten keine Satelliten-Signale, meist aufgrund von Abschattungen, so erscheint bei vielen GPS-Empfängern das »WAEHLE INIT« (CHOOSE

INIT) Menü, andere suchen ständig weiter, ohne eine Information auszugeben. Läßt sich das Gerät nicht initialisieren, sollte unabhängig von der Anzeige zuerst der Standort nach einer möglichen Abschattung (dichter Wald, Berge, Häuser usw.) analysiert werden. Kommt eine Abschattung in Betracht, ist der Standort zu wechseln. Hilft auch dieses nicht, muß neu initialisiert werden

Die richtige Seite zum Wandern – die Kompaßseite

Oben auf der Seite steht der Wegpunkt mit Symbol. Darunter befindet sich der Peilungswinkel (PLG bzw. BRG) und die Entfernung (DST) zum angezeigten Wegpunkt. Die Entfernung wird dabei immer als Luftlinie zwischen dem aktuellen Standpunkt und dem Wegpunkt verstanden. Der Peilungswinkel gibt die Richtung zum Zielpunkt an, mit Beachtung der eingestellten Mißweisung.

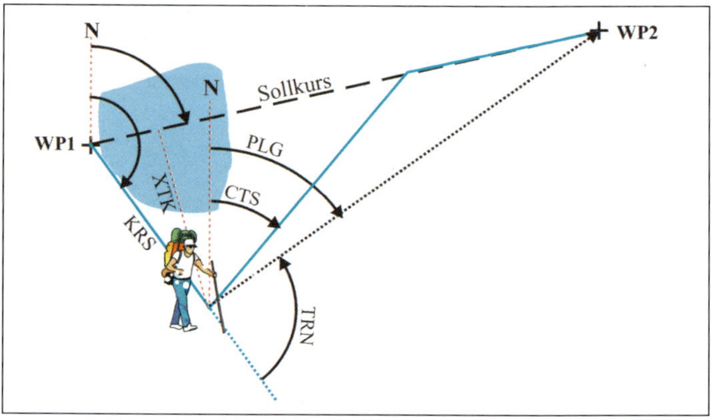

Bild 33 Erläuterung der Eintragung im variablen Feld auf der Kompaßseite und Autobahnseite

Oft befinden sich hier Felder zur Anzeige des aktuellen Kurses (KRS bzw. TRK), der Geschwindigkeit (SPD) und am Ende der Seite ein variables Feld für »ETE« (Zeit bis zum nächsten Wegpunkt), »ETA« (voraussichtliche Ankunftszeit), »CTS« (Bei Kursabweichung empfohlener Steuerkurs) , »XTK« (Strecke der Abweichung vom Sollkurs), »VMG« (auf dem Sollkurs bezogene Geschwindigkeit) oder »TRN« (Korrekturwinkel zum nächsten Wegpunkt). Bei linker Korrektur gilt PLG = KRS – TRN (KRS = Kurswinkel) und bei bei rechter Korrektur PLG = KRS + TRN.

Was nützt mir die Anzeige von XTK, TRN und PLG?

Die Bedeutung der etwas ungeläufigen Begriffe XTK, TRN und PLG können Sie der Bild 33 entnehmen. Kann ein Wanderer wegen eines Hindernisses sich nicht mehr auf dem Sollkurs bewegen, so ergibt sich eine Kursabweichung XTK. Er kann nun versuchen mit Hilfe des vorgeschlagen Winkels CTS schnell zu seinem alten Kurs zu kommen oder gleich entsprechend dem Winkel PLG zum nächsten Wegpunkt zu wandern.

Auch VMG bedarf einer näheren Erklärung, am besten an Hand eines Beispieles:

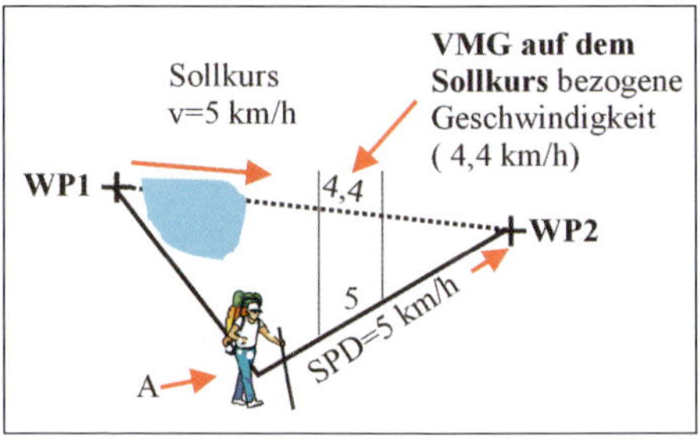

Bild 34 Erläuterung von VMG

Zur Erläuterung: Ein Wanderer lief mit 5 km/h auf dem Sollkurs (Bild 34) zum Wegpunkt WP2. Bei dem Punkt WP1 mußte er einem Hindernis ausweichen. Erst im Punkt A konnte er in Richtung zum nächsten Wegpunkt einbiegen. Der Wanderer lief zwar weiterhin mit einer Geschwindigkeit von 5 km/h auf den nächsten Wegpunkt WP2 zu. Bezogen auf den Sollkurs betrug jedoch die Geschwindigkeit nun nicht mehr 5 km/h sondern nur noch VMG = 4,4 km/h.

Für einen geradlinigen Kurs ist die Autobahnseite das Richtige

Steuern Sie auf das Ziel zu, stellt der Mittelteil der Seite eine Navigationshilfe in Form der graphischen Autobahn bereit. Die aktuelle Position wird durch eine Raute auf der CDI-Skala gekennzeichnet und der Sollkurs als Mittellinie auf der Autobahn dargestellt. Während Sie sich dem Wegpunkt nähern zeigt die Autobahn symmetrisch nach oben, der Wegpunkt befindet sich direkt vor Ihnen. Verschiebt sich die Spitze der Autobahn nach links, liegt der Wegpunkt links. Um auf Kurs zu bleiben, steuern Sie einfach in die Richtung (links oder rechts), in welche die Autobahn weist, bis sie wieder symmetrisch nach oben verläuft.

Beträgt die Kursabweichung mehr als 1/5 des gewählten CDI Maßstabes, steht der exakte Betrag der Abweichung dort, wo sonst die Einstellung der CDI-Skala steht. Ist die Kursabweichung so groß, daß die Autobahn nicht mehr zu sehen ist, zeigt eine Meldung (STEER) an, in welche Richtung Sie steuern müssen, um zum Sollkurs zurückzugelangen. Damit kommen Sie zwar schnell zum Sollkurs zurück, haben aber nichts gewonnen. Bedingt durch die ständige Korrektur nähern Sie sich schließlich dem Wegpunkt auf einer leichten Zickzacklinie.

Die Kartenseite als Informationsquelle

Auf der Kartenseite, über die die modernen GPS-Empfänger verfügen, wird die aktive Route, der nächste Wegpunkt, die aktuelle Position und die zurückgelegte Wegstrecke vereinfacht dargestellt. Erstklassige GPS-Empfänger stellen auch eine Straßenkarte zur Verfügung. Oft finden Sie noch zusätzliche Informationen, z.B. den Peilungswinkel, die Entfernung zum nächsten Wegpunkt, die momentane Geschwindigkeit und den Kurs. Die aktuelle Position wird als Rautensymbol, der bisherige Kurs als Linie und die Route ebenfalls als gerade Linie von Wegpunkt zu Wegpunkt abgebildet. Beide Linien sind bei einem SW-Display leicht zu verwechseln. Der Unterschied besteht darin, daß an der Spitze des bisherigen Kurses die momentane Position als Rautensymbol steht.

Die Wegpunkte erscheinen mit dem ausgewählten Symbol und darüber der Name des Wegpunktes. Sind die Namen der Wegpunkte recht lang, wird die Kartenseite schnell unübersichtlich. Abhilfe schafft in diesem Fall nur ein anderer Kartenmaßstab oder ein Abschalten der Wegpunktnamen im Menü »OPT«.

Fast bei allen GPS-Empfängern läßt sich die Kartenseite individuell einrichten. Zwingend ist die Wahl des Maßstabes. Ist er eingestellt, können Sie die Strecke im Gelände nach der Formel

$$\text{Strecke im Gelände} = \frac{\text{Strecke auf dem Display (cm)} \cdot \text{Maßstab (km)}}{\text{Länge des Display (cm)}}$$

aus der nutzbaren Displaygröße abschätzen. Auch die Ausrichtung der Karte, die gleichzeitig mit für die Satellitenseite gilt, sollten Sie beachten.

9.3 Eingabe und Verwaltung der Wegpunkte und Routen

Die Wegpunkte als Grundlage der Navigation

Gewöhnlich bestehen mehrere Möglichkeiten zur Eingabe eines Wegpunktes, so die übliche Handeingabe der geographischen Koordinaten, die automatische Erstellung mit der MARK-Taste oder die von dem Wanderer geschätzte Eingabe als Referenzwegpunkt. Nicht zu vergessen die Überspielung vom PC. Wie viele Wegpunkte sich speichern lassen, hängt vom GPS-Empfänger ab.

Die Eingabe eines neuen Wegpunktes erfolgt immer auf einer Wegpunktseite. Auf dieser wird zuerst der Wegpunktname eingegeben. Die Länge des Namens kann meist bis sechs Zeichen umfassen, bisweilen auch nur (GPS 300) vier. Unabhängig von der möglichen Zeichenanzahl sollten Sie die Namen so kurz als möglich wählen, zum einen lassen sich die Namen schneller eingeben, zum anderen bleibt die Darstellung auf der Kartenseite übersichtlicher.

Die Erstellung einer Route aus Wegpunkten

Soll eine Route aus Wegpunkten zusammengestellt werden, müssen Sie die Routenseite öffnen. Der Umfang der in eine Route einzubeziehende Wegpunkte und die Anzahl der gespeicherten Routen variiert von Empfänger zu Empfänger.

Bereits nach Eingabe des zweiten Wegpunktes zeigt das Display die Peilung und Entfernung zum 1.Wegpunkt an. Bei der weiteren Eingabe vervollständigt der GPS-Empfänger die Liste durch die Anzeige der Parameter der Teilstrecken. Unterhalb der Wegpunktliste befindet sich die Anzeige der Gesamtlänge der Route. Wichtig ist, daß die Wegpunkte in der richtigen Reihenfolge eingegeben werden.

Beim Aktivieren einer Route erhält diese automatisch als aktivierte Kopie die Nummer »0«. Ohne Beeinflussung der Ausgangsroute besteht die Möglichkeit schon während der Tour weitere Wegpunkte einzufügen oder zu löschen. Auch der Name läßt sich austauschen. Trotz der eventuellen Veränderung besteht die ursprüngliche Route unter der bisherigen Routennummer unverändert weiter. Wird allerdings eine neue Route aktiviert, überschreibt der GPS-Empfänger die vorangegangene. Damit gehen die Änderungen verloren. Wollen Sie diese retten, kann die Route mit der Funktion »COPY ZU« einer freien Nummer zugeordnet werden.

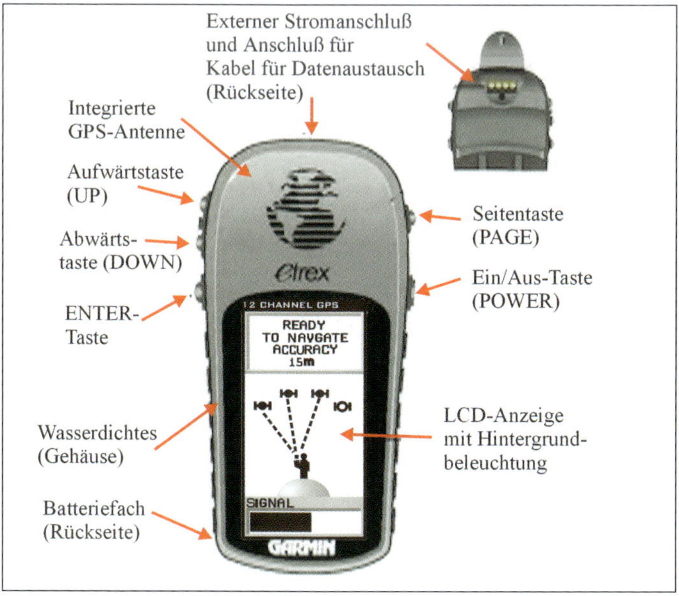

Bild 35 Garmin eTrex im Überblick

9.4 Auf drei Meter genau? Das EGNOS und WAAS System

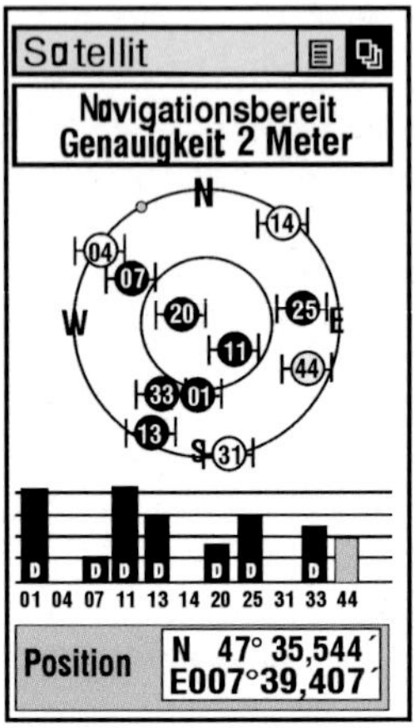

Bild 36 Satellitenseite des Garmin Viesta mit ESTB-Satelliten

Nach Abschaltung des Selective Availability (zielgerichtete Verschlechterung den zivilen Nutzern zur Verfügung gestellten GPS Signals) beeinflussen vor allem Signalverzögerungen in der Ionosphäre die Genauigkeit der Positionsbestimmung. Das Problem sollte durch das DGPS (Kapitel 15) gelöst werden. Allerdings wird die Korrektur immer weniger exakt, je weiter entfernt man sich von der Referenzstation befindet. Auch wird eine zusätzliche Antenne benötigt. Also nichts für einen Wanderer.

Im Gegensatz dazu benutzt das WAAS oder EGNOS geostationäre Satelliten. Das abgestrahlte Korrektursignal läßt sich nun auch von einem dazu ausgerüsteten GPS-Handempfänger empfangen. Was bei fast allen neuen Geräten der Fall ist. Die Positionsgenauigkeit liegt dann unter drei Meter. Sie sollten sich dabei nicht auf die Genauigkeitsanzeige des Empfängers verlassen, sie sagt nur aus, daß der Empfänger die Genauigkeit so einschätzt. Bild 36 zeigt eine typische Darstellung bei Garmin, wobei das weiße D in den Balken den Empfang von Korrekturdaten anzeigt. Zu beachten ist, daß das WAAS nur ausschließlich in Nordamerika und das EGNOS in Europa funktioniert.

Empfangen Sie in Europa bei aktiviertem WAAS/EGNOS eine andere Korrektur als von den Satelliten Nr. 33 oder Nr. 44, sichtbar auf der Satellitenseite ist Vorsicht geboten. Besonders aber vor Nr. 35, da dieser nur Ionosphärendaten für Nordamerika ausstrahlt. Diese gelten nicht für Europa. Einige Empfänger unterscheiden selbstständig zwischen WAAS und EGNOS, also immer nach Update schauen.

Freilich befinden sich gegenwärtig die geostationären Satelliten alle im Süden und relativ nahe am Horizont. Dadurch kann es sehr leicht zu Abschattungen durch Gebäude oder auch Bäume kommen. Gleichzeitig reduziert sich die Anzahl der ausgewerteten GPS Satelliten von 12 auf 10. Fast alle GPS-Empfänger besitzen aber die Möglichkeit den Empfang von WAAS/EGNOS abzuschalten, was manchmal von Vorteil ist. Zu bemerken wäre noch, daß der GPS-Empfänger einige Minuten zur Auswertung benötigt und bei Garmingeräten die Korrekturdaten nicht im Stromsparmodus empfangen werden.

9.5 POI, MapSource, Höhenanzeige und Kompaß

MapSource Points of Interest (POI)

Einige GPS-Empfänger (z.B. Garmin GPS72 und Magellan Sport-Trak) verfügen über einen separaten Speicher für POI. Dieser läßt sich mit Daten der Metroguide Roads & Recreation, GNS oder eigenen Daten (Wegpunkte und selbst angefertigten Karten) füllen. Die Vorgehensweise beschreibt Kerzendorf:
http//www.kerzendorf.net/gps/nima2poi/NIM2POI.html.

Zunächst wird eine Karte für ein gesuchtes Land von GNS geladen http://earth-info.nima.mil/gns/html/cntry_files.html und diese mit MS-Exel durch Löschung von Spalten so transformiert, daß das in Bild 37 dargestellte Format entsteht.

LAT	LONG	DSG	PC	FULL_NAME_ND
52.29476	13.59889	PPL	3	Fürstenwalde
52.35110	13.67119	PPL	5	Bestensee
53.36700	13.78986	BLDG		Försterei Sauberg

immer auf 5 Stellen auffüllen

nur Großbuchstaben

LAT = Breite; LONG = Länge; DSG = Code zur Charakterisierung (BLDG=Bauwerk, PPL=Ort) ; FULL_Name = Objektname; PC = Größenskala (1=große Stadt, 5=kleiner Ort)

Bild 37 Tabellenformat (*.poi) zur Bearbeitung mit NIMA2POI

Genauso läßt sich eine Tabelle mit eigenen Punkten erstellen. Zur Entnahme von Punkten aus einer TOP50 wird die TOP50 und das Programm mit der vorgesehenen Tabelle gleichzeitig gestartet und die Punkte über die Zwischenablage der TOP50 in die Tabelle eingefügt (Breite und Länge wechseln). Weiterhin ist eine Speicherung in eine *.coo Datenbank der TOP50 mit einer anschließenden Bearbeitung durch ein Textprogramm möglich (Kapitel 13.2).

Die Bedeutung der DSG Abkürzungen sind unter ftp://ftp.nga.mil/pub/gns_data/Designations.html zu finden. Allerdings werden nicht alle Abkürzungen von NIMA2POI akzeptiert. Zur Kontrolle immer noch einmal in das *.DBX File sehen. Werden die Punkte sehr dicht gesetzt (z.B. Straße) können Sie eine Art MapSource anfertigen.

Schließlich wird die als *.txt File gespeicherte Tabelle in *.poi umbenannt und mit NIMA2POI in ein *.DBX File transformiert. Bei der Bearbeitung mit den Programmen NIMA2POI und sendmap sind die Regeln von MS-DOS zu beachten also keine Bindestriche, auch keine Ordner oder Dateien mit über acht Buchstaben.

Anknüpfend erfolgt der Start von MapDekode. Hier sollten Sie noch bei Thomas Hasse http://home.wtal.de/noegs/po.htm nachsehen. Nach Umwandlung der Daten von der *.DPX in eine *.img Datei läßt sich dieses mit dem Programm sendmap auf den GPS-Empfänger übertragen (Einstellung: Garmin 9600 Baud). Beachten Sie, daß die Übertragung sämtliche Werte im POI-Speicher des GPS-Empfängers löscht. Es ist deshalb ratsam die Ausgangstabelle zu speichern. Bei Bedarf ist dann eine Erweiterung der Tabelle möglich oder man legt sich eine Sammlung von entsprechenden Datenbanken an.

Wollen Sie die ursprünglichen POI Werte wieder einstellen so braucht nur die entsprechende Datei von Garmin http://www.garmin.com/cgi-bin/htsearch überspielt werden.

Warnung: Vertrauen Sie den R&R Daten nicht zu sehr.

Etwas für Radfahrer und Motorsportler, die MapSource/MapSend

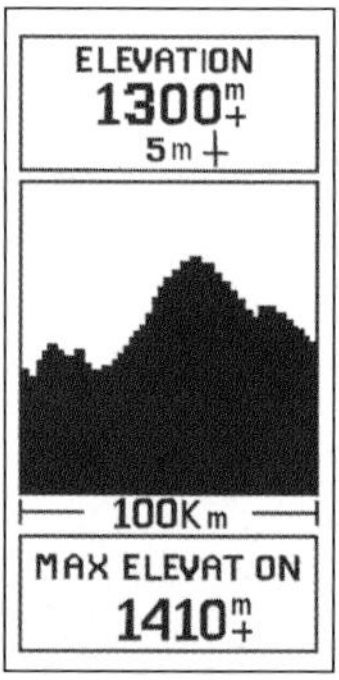

Bild 38 eTrex Summit: Höhenseite

MapSource von Garmin und MapSend von Magellan sind digitalisierte, ladbare geographische Karten. Sie ergänzen die fest integrierte Base-Map. Die Speicherung geschieht im internen Speicher des GPS-Empfängers oder in Speicherkarten (Datenkarten) die sich in den Empfänger stecken lassen. Der Vorteil der Speicherkarten besteht darin, daß sie den Speicher des GPS-Empfängers nicht belasten. Sie können beliebig neu programmiert werden und sind in Größen von 8-128 MB lieferbar. Die Karten selbst beinhalteten nun ein detalliertes Kartenmateral (R & R) des Straßennetzes, daß ein Navigieren bis zur Hausnummer gestattet.

Trotz der Erhöhung der Detailgenauigkeit und einer vorhandenen Fußgängerfunktion entspricht in Europa die Kartendarstellung nicht der Qualität einer Topographischen Karte. Sie eignen sich nur bedingt für ein Trekking oder eine Wanderung. Die Hauptanwendung liegt beim Motor-, Rad- und Wassersport. Besitzen Sie neben dem PC noch einen Handheld PC, so wäre zu Überlegen, ob ein einfacher GPS-Empfänger in Verbindung mit einem Handheld PC zweckmäßiger ist.

Exakte Höhenmessung mit einem eingebauten Höhenmesser

Zur Umgehung von Problemen bei der Höhenbestimmung existieren GPS-Empfänger mit einem eingebauten barometrischen Höhenmesser (eTrex Summit GPS und). Diese zeigen auf 3 m genau die aktuelle

Höhe, sowie die Durchschnittswerte von Höhe, An-/Abstiegsrate an. Ebenso die Summe der Auf-/Abstiegshöhe, die maximale, wie minimale erreichte Höhe.

Oft läßt sich noch der Luftdruck ablesen. Sämtliche Werte lassen sich speichern und bei Bedarf zum PC überspielen.

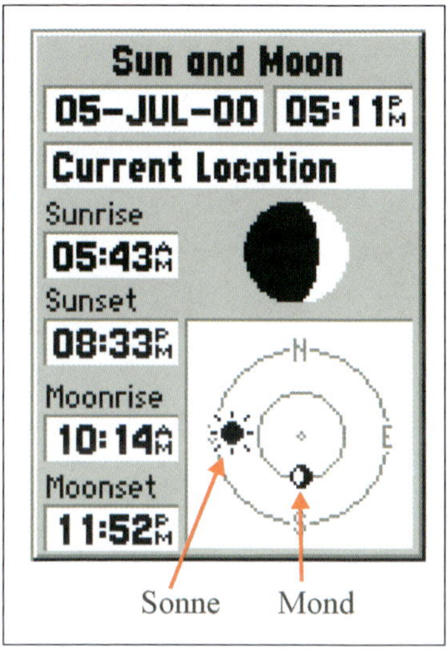

Bild 39 Sonnen und Monddarstellung bei Garmin

Wie nützlich ist ein eingebauter Kompaß?

Wie im Kapitel 5 besprochen ist mitunter die Kombination GPS-Empfänger und Kompaß recht zweckmäßig, und so finden Sie auf dem Markt Geräte mit einem eingebauten Kompaß.

Nun brauchen Sie sich zur Bestimmung der Himmelsrichtungen nicht mehr zu bewegen, sondern erhalten aus dem Stand die Angaben. Auch bei einer eventuellen Abschattung steht Ihnen das Hilfsmittel zur Verfügung. Im Grunde genommen erreichen Sie das Gleiche mit einem externen Kompaß.

Eine zweckmäßige Ergänzung die Sonnen- und Monddarstellung

Die Sonnen- und Monddarstellung ist eine Funktion, die weit über die oben besprochene Anzeige des Sonnenauf- und Sonnenuntergangs hinausgeht, sie ist bei einer Reihe von GPS-Empfänger wie z.B. Garmin eMap, eTrex Venture, Legend, Vista, Map 76 oder Magellan GPS der Meridian Serie eingebaut. Damit läßt sich der Sonnenauf-, Sonnenuntergang, Mondauf- und Monduntergang für einen beliebigen Tag oder eine beliebige Position anzeigen.

Außerdem zeigt das Display genau die Himmelsrichtung an, wo die Sonne und der Mond zu den eingegebenen Bedingungen steht. Die Phase des Monds wird auch gezeigt.

Zur Not, bei einer vollständigen Abschattung läßt sich die Sonnen- bzw. Mondposition –vorausgesetzt der Himmel ist nicht bewölkt- als ein grober Kompaß verwenden.

Dazu wird der GPS-Empfänger waagrecht in Brusthöhe gehalten. Danach müssen Sie sich um die eigene Achse drehen, bis die Sonne oder der Mond in der angezeigten Richtung liegt. Stimmt die Richtung, können Sie die Nordrichtung ablesen.

9.6 Umwelteinflüsse

Der Arbeitsbereich der GPS-Empfänger wird vorwiegend von der gewählten Stromquelle und dem Display bestimmt. Im allgemeinen wird eine Temperaturbeständigkeit von –15°C bis +70 °C angegeben. Bei –20° läßt sich bei den meisten Empfängern das Display nicht mehr ablesen. In solch einem Fall müssen Sie den GPS-Empfänger am Körper tragen und nur von Zeit zu Zeit eine Ablesung vornehmen. Auch die Kapazität der Batterien geht in der Kälte zurück. Unangebracht sind bei extremer Kälte auch Akkus. Dagegen haben sich Lithiumbatterien bewährt.

Die meisten GPS-Empfänger sind Spritzwasser geschützt und vertragen etwas Regen, mitunter sind sie auch schwimmfähig. Sicherheitshalber stecken Sie ihn in einen Folienbeutel. Fast sämtliche Empfänger überstehen einen Fall aus Körperhöhe.

10 Zubehör

10.1 Meist unterschätzt; Die Stromversorgung

Die einzigen Nebenkosten, die bei der Nutzung der GPS-Empfänger entstehen, sind die Kosten der Stromquellen. Hier gilt es zu entscheiden, soll es eine Einwegbatterie, eine wiederaufladbare Batterie oder ein Akku sein. Ist es günstiger eine einfache Einwegbatterie einzusetzen und diese des öfteren zu wechseln oder gleich eine hochwertige zu verwenden? Natürlich ist letztere vom Gesichtspunkt des Umweltschutzes gesehen immer günstiger. Vieles hängt auch von den Umweltbedingen wie der Temperatur ab. Je tiefer die Temperatur, desto mehr reduziert sich die Leistung der Stromquellen.

Hinweis

Im Winter sollten Sie die Ersatzbatterien immer am Körper und nicht im Rucksack tragen.

Unterschiede gibt es in der Anfangsspannung, Batterien geben 1,5V und Akkus nur 1,2V ab. Eins haben aber alle Typen gemeinsam, und das ist die äußere Form. So benutzen sämtliche GPS-Empfänger die im üblichen Sprachgebrauch als »Mignon« nach IEC als »LR6« (R6 bezieht sich auf Zink/Kohle) und nach der alten ANSI Norm als »AA« bezeichnete Art. Selbstverständlich lassen sich fast alle GPS-Empfänger mit einem speziellen Kabel auch vom Bordnetz betreiben.

Einwegbatterien (Primärzellen)

Auszuschließen sind von vornherein, auf Grund ihrer geringen Kapazität Zink-Kohle-Batterien. Die gebräuchlichen Alkali-Mangan-Batterien (auch ALKALINE genannt) halten siebenmal länger und weisen nur eine geringe Selbstentladung auf.

Lithiumbatterien sind nicht nur leichter, sondern auch dreimal ergiebiger, in der Kälte sogar sechsmal.
Sie behalten im Bereich von –20 bis +70 °C ihre Leistungsfähigkeit. Es sind die richtigen Batterien für eine Tour fern von jeder Zivilisation. Beachten Sie, daß die GPS-Anzeige für den Batterieladezustand fast immer auf alkalische Batterien zugeschnitten ist. Der schnelle Leistungsabfall der Lithiumbatterien am der Ende ihrer Betriebszeit könnte den GPS-Empfänger schneller abschalten, als nach der Anzeige erwartet.
Preislich liegen die Lithiumbatterien im Bereich hochwertiger alkalischer Batterien.

Akkus

Auf Grund der relativ geringen Lebensdauer der Batterien bietet sich der Einsatz von Akkus an. Dagegen spricht allerdings die Selbstentladungsrate, die bei Nickel-Cadmium-Akkus bis 20% und Nickel-Metall-Hydrid-Akkus bis 25% pro Monat bei Zimmertemperatur betragen kann. Bei unregelmäßigem Gebrauch von GPS-Empfängern ist es deshalb günstiger mit Alkali-Mangan-Batterien zu arbeiten.

Nach der Faustregel » Eine Verringerung der Lagertemperatur um 10° halbiert den Wert der Selbstentladung« ist der Kühlschrank ein guter Lagerplatz. Weiterhin ist zu bedenken, daß die Akkus schneller leer sind als Alkali-Mangan-Batterien. Die Wiederaufladbarkeit hängt vom Akku-Typ ab und liegt zwischen 400 und 1 000 mal.

Im Handel befinden sich zwei Akku Typen: 1. der Nickel-Cadmium-Akku (NiCd) und 2. der Nickel-Metall-Hydrid-Akku (NiMH). Die NiCd-Akkus lassen sich schnell laden und sind relativ preisgünstig. Nachteilig ist der Memory-Effekt und Schwermetallgehalt, weshalb sie rückgabepflichtig sind. Die NiMH-Akkus sind frei von toxischen Schwermetallen, haben keinen Memory-Effekt und verfügen über die 1½-fache Kapazität eines NiMH-Akkus.

Immer ist bei den NiCd-Akkus der Memory-Effekt zu beachten. Der Memory-Effekt ist ein Phänomen, das einen NiCd-Akku bei falscher Handhabung schnell lahm legen kann. Falls Sie einen NiCd-Akku mit niedrigen Strömen dauerladen oder vor der vollständigen Entleerung vorsorglich aufladen, verringert sich die verfügbare Energie soweit, daß der Akku nur noch wenige Minuten die nötige Spannung liefert. NiCd-Akkus sollten Sie immer so weit entleeren, bis das Gerät nicht mehr funktioniert und erst dann laden. Notfalls die Akkus in eine Tascenlampe setzen und dort über die Glühlampe entladen. Richtiger ist es, ein Ladegerät mit Entladefunktion zu verwenden. Haben Sie sich für Akkus entschieden, sollte nicht bei der Anschaffung des Ladegerätes gespart werden.

Tabelle 7 Übersichtstabelle der Stromversorgung

	Alkaline (Einweg-Batterie)	NiMH (Nickel-Metall-Hydrid)	NiCd (Nickel-Cadmium)	AccuCell (Alkali-Mangan)
Spannung	1,5 V	1,2 V	1,2 V	1,5 V
Selbstentladungsrate (bei 21°C)	ca. 0,2 %	ca. 25 %	ca. 20 %	ca. 0,2 %
Lagerfähigkeit	5 Jahre	–	–	5 Jahre
Bei Lieferungen sofort einsatzfähig, da bereits geladen	Ja	Sollte vor der Anwendung geladen werden	Sollte vor der Anwendung geladen werden	Ja
Umweltbelastung	Hoch	Mittel	Hoch	Sehr gering
Ladezyklen	1 (Einweg)	50-500	50-500	50-200
Memory-Effect	–	Ja, gering	Ja	Nein
Startkapazitäten mAh	2200	2000	800	1800

Gegenwärtig sind eine Vielzahl von Ladegeräten auf dem Markt. Manche Ladegeräte laden »nur«, andere besitzen eine Entladefunktion, mitunter eine Erhaltungsfunktion und schützen vor Überladen und Überhitzung und achten auf den Ladezustand des Akkus. Bewährt haben sich die allerdings recht teuren Ladegeräte der CHARGE Serie von Conrad Elektronic Internet http://www.conrad.de und Ansmann Powerline 5 http://www.ansmann.de/de/search.htm . Prinzipiell reichen auch schon einfache Geräte, auf jeden Fall sollten sie über eine Entladefunktion verfügen und der Ladestrom dem Akku angepaßt sein.

Vor der ersten Inbetriebnahme ist es ratsam, die Akkus zwei- bis dreimal vollständig zu laden und zu entladen (Simulationsbetrieb des GPS-Empfänger bzw. über die Entladefunktion). Während des Ladevorgangs sind höhere Umgebungstemperaturen zu vermeiden. Deshalb bei 30 Grad lieber einen kühlen Raum (Keller) aufsuchen oder zur Kühlung einen Ventilator benutzen.

Hinweis

Damit nur gleichaltrige Akkus zum Einsatz kommen, kennzeichnen Sie die erworbenen Akkus mit dem Kaufdatum.

Legen Sie jedesmal die Akkus polrichtig ein und mischen Sie nie alte und neue Akkus. Alte schwächere Zellen mindern schnell die Leistung der neuen Zellen. Kaufen Sie auch nur Akkusätze.

Wiederaufladbare Batterien

Etwas umstritten ist die Verwendung von wiederaufladbaren Batterien speziell die Accucell Internet www.conrad-lichttecknik.de/akkus_accucell900197.htm Einige Anwender sind sehr zufrieden, andere beklagen den schnellen Abfall der Anzahl der Ladezyklen. Bestechend wirkt auf jeden Fall die Spannung von 1,5 V und Kapazität 1 800 mAh. Weitere Vorteile sind die geringe Selbstentladungsrate, auch bei hohen Temperaturen (Accucell Batterien werden geladen ausgeliefert), kein Memory-Effekt, wenig Schadstoffe.

Das Problem bei den Accucell-Baterien liegt in der Tiefentladung. Je tiefer die Batterie entladen wurde, desto weniger Zyklen stehen zur Verfügung. Also, nie ganz entladen und nur vollgeladen lagern. Je früher und öfter AccuCell nachgeladen wird, desto besser.

Aufladen nach jeder Anwendung sichert eine lange Lebensdauer.

10.2 Was bringen die Zusatzantennen?

Soll der GPS-Empfänger geschützt z.B. bei einer Paddeltour oder im Auto betrieben werden, lohnt sich die Anschaffung einer Zusatzantenne. Dabei ist zwischen einer passiven und aktiven Antenne zu unterscheiden. Mit einer passiven Antenne wird der Empfangsort an die ungeschützte Außenseite z.B. des Bootes verlegt, während der GPS-Empfänger im geschützten Innenraum verbleibt. Die Antenne gewährleistet nun den freien Rundblick, dadurch kann sich der GPS-Empfänger an einer beliebigen Stelle befinden. Verbessert wird der Empfang dadurch nicht. Ganz anders dagegen bei den aktiven Antennen, diese verstärken gleichzeitig das Signal, sind dementsprechend auch teurer. Fast alle GPS-Empfänger besitzen eine Anschlußmöglichkeit für Außenantennen.

Am einfachsten funktioniert der Anschluß, wenn der GPS-Empfänger eine abnehmbare Antenne – z.B. GPS II plus, GPS III plus und GPS 48 – besitzt. Hier braucht nur die Antenne abgenommen und ein Stück Antennenkabel dazwischengesetzt zu werden. Zur Vermeidung von Verlusten sollte das Kabel nicht viel länger als ein Meter sein. Einfache Verlängerungskabel gibt es im Handel (http://www.gps-nav.de/). Möchten Sie ihren GPS-

Empfänger im Auto benutzen, wäre eine aktive Antenne angebracht. Auch bei einer beschichteten Frontscheibe benötigen Sie eine Außenantenne. Mit den MCX- und BNC- Steckern bietet die GPS-Gesellschaft für professionelle Satellitennavigation mbH http://www.gps-nav.de/ jeweils eine preiswerte ALLIS – Aktivantenne an.

11 Auf Tour

11.1 Allgemeine Vorbereitungen

Zum Stromsparen erfolgen die Vorbereitungen immer im Simulatormodus. Zunächst sollte unter Berücksichtigung der Sommer- bzw. Normalzeit die richtige Einstellung des Zeitversatzes (Kapitel 9.2) sowie das Zeitformat der Sonnenaufgangs- und Sonnenuntergangszeit (Kapitel 9.2) kontrolliert werden. Auch die Einstellung des GPS-Empfängers wäre zu überprüfen. Bei einem falschen Kartendatum laufen Sie am Ziel vorbei. Ebenso ist das notwendige Zubehör auf Vollständigkeit zu prüfen. Am besten erfolgt dieses an Hand einer Checkliste.

Checkliste

- Wurde das für die Karte zutreffende Koordinatensystem und Kartendatum gewählt?
- Entsprechen die eingestellten Einheiten der Kartenart (bei Landwanderungen METRIS bzw. METRIC, bei englischen Karten STATUTE, bei einer Seekarte SEEMEILE bzw. NAUTICAL)?
- Ist eine Mißweisung zu beachten?
- Soll der Kilometerzähler auf Null gestellt werden?
- Soll der TrackLog-Speicher gelöscht werden?
- Wurde der TrackLog -Speicher eingeschaltet?
- Ist die Route aktiviert?
- Befinden sich Ersatzbatterien, Karte, Kompaß oder Winkelmesser im Gepäck?

11.2 Erste Schritte

Für die erste Übung ist eine Teststrecke auszuwählen. Dazu eignet sich jede gerade Strecke von etwa 300 m Länge aus der es sich rechtwinklig abbiegen läßt, vielleicht schon die Straße vor der Haustür?

Besitzt der GPS-Empfänger einen Kilometerzähler (TRIP), so ist er auf Null zu setzen. Im »KURS-SETUP« auf der Kartenseite sollte die Einstellung der Bild 41 entsprechen. Außerdem wäre der Maßstab auf 2,0 km zu setzen. Erst am Startort wird der Kursspeicher im KURS-SETUP auf der Kartenseite gelöscht. Wurde der aktivierte Kursspeicher schon zu Hause gelöscht, kann es mit der TrackBack-Funktion bei der Rückverfolgung des Weges zu Problemen kommen. Die Auswahl des Koordinatensystems und Kartendatums ist bei dieser ersten Übung eigentlich ohne Bedeutung. Zum Kennenlernen könnte es das meist benutzte Grad:Minuten: Sekunde sein. Auf der Positionsseite wird (Kapitel 9.2) in den variablen Feldern »TRIP« und HÖHE« gewählt.

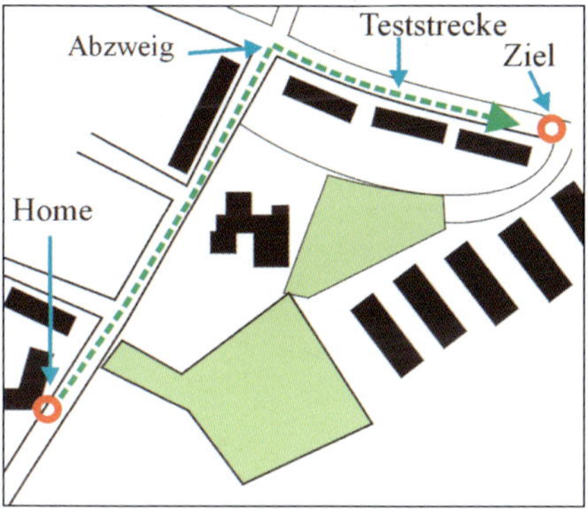

Bild 40 Erste Schritte: Testtour

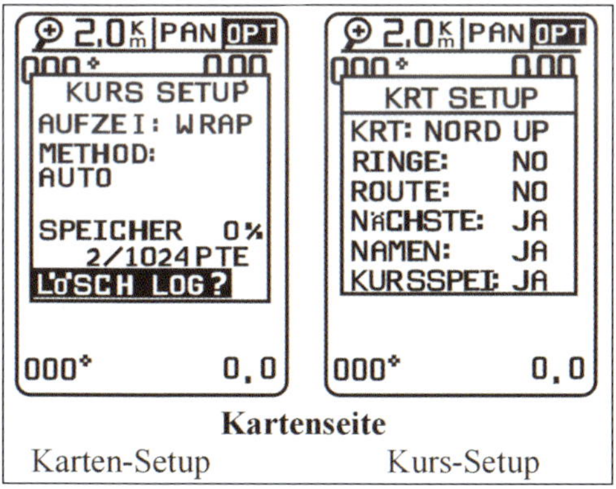

Bild 41 Erste Schritte: Einstellung der Kartenseite (GPS 12)

Am Startpunkt schalten Sie dann den GPS-Empfänger ein. Wird der GPS-Empfänger das erste Mal benutzt, oder unterscheidet sich die aktuelle Position erheblich von der vorangegangenen bzw. lag er längere Zeit in der Schublade, so dauert es schon 10 bis 15 Minuten (Kaltstart) bis er die Position berechnen kann. Findet der Empfänger die Position nicht, so erscheint normalerweise die Meldung, daß der GPS-Empfänger neu zu initialisieren ist. Dieses geschieht durch Anklicken des betreffenden Landes in der angebotenen Liste. Danach benötigt der Empfänger nur noch wenige Minuten bis zur Positionsanzeige (Warmstart). Möglicherweise befinden Sie sich aber an einem ungünstigen Ort mit Abschattungen. Auch in diesem Fall fordert Sie der GPS-Empfänger zu einer Initialisierung auf. Hier hilft natürlich auch eine Initialisierung nicht, es ist einfach der Standort zu wechseln.

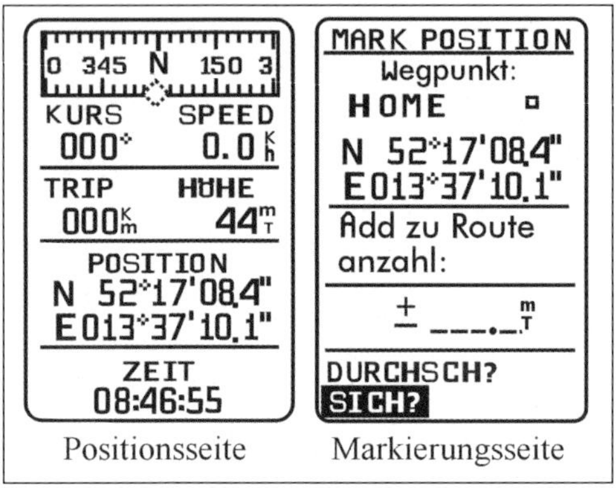

Bild 42 Erste Schritte: Anzeige der Positionsseite und markieren des ersten Wegpunktes »MARK« (GPS 12)

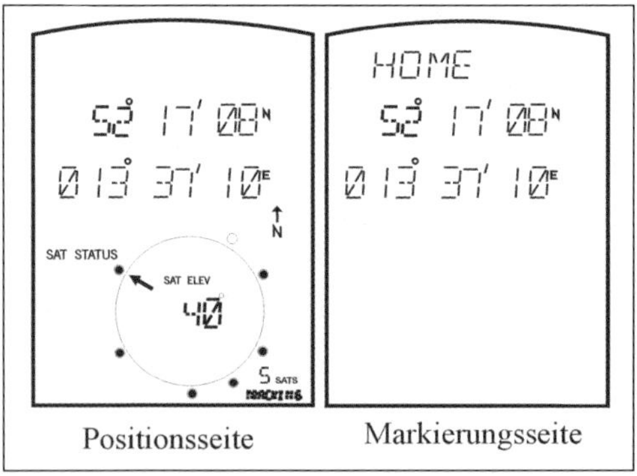

Bild 43 Erste Schritte: Anzeige der Positionierseite und markieren des ersten Wegpunktes mit »MARK« (GPS 310)

Wenn alles zur Zufriedenheit verlief, gehen fast alle GPS-Empfänger zur Positionsseite und zeigen die aktuelle Position in dem voreingestellten Koordinatensystem an. Es lohnt sich aber noch einmal bis zur Satellitenseite zu blättern und den Satellitenstatus, die horizontale Abweichung und Statusanzeige anzusehen. Zurück zur Positionsseite sollten Sie gleich den Standort mit der Taste »MARK« speichern (Bild 42). Der vorgegebene Name wird durch Anwählen mit der Entertaste und Verändern mit den Pfeiltasten in »HOME« umbenannt. Vergessen Sie nicht den Punkt, der gleichzeitig der erste Wegpunkt ist, zu speichern.

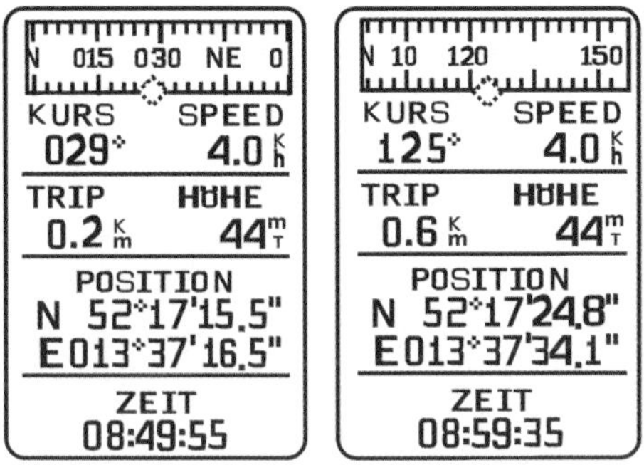

Positionsseite

nach 200m nach dem Abzweig

Bild 44 Erste Schritte: Anzeige der Positionsseite (GPS 12) auf der Testtour

Bild 45 Erste Schritte: Anzeige der Testtour auf der Kartenseite (GPS 12)

Nach dem Blättern zur Positionsseite kann die Tour beginnen. Zunächst verändert sich beim Laufen noch gar nichts, erst nach etwa 30 m wird der Kurs, die gelaufenen Meter und Marschgeschwindigkeit angezeigt. Außerdem verändert sich ständig die Positionsanzeige, was auch einzusehen ist. Beim Erreichen der Abzweigung nach 640 m setzen Sie mit der Taste »Mark« einen weiteren Markierungspunkt, der in »ABZW« umbenannt wird. Hierauf wird rechts eingebogen. Es überrascht nicht mehr, daß der GPS-Empfänger erst 30 m danach den neuen Kurswinkel anzeigt. Schließlich ist das Ziel erreicht, d. h. die Tour wird einfach beendet, was im Beispiel nach 800 m der Fall ist. Nun brauchen Sie nur noch den Standort mit der Taste »MARK« markieren und in »ZIEL« umbenennen. Anschließend können Sie sich die gelaufene Strecke auf der Kartenseite (Bild 45) ansehen.

Goto Route

Jetzt zu einer weiteren Premiere. Mit Hilfe einer Goto-Route sollen Sie den Weg zurück finden. Als Goto-Route bezeichnet man eine einfache Route vom aktuellen Standort zu einem gespeicherten Wegpunkt, in diesem Fall »HOME«. Dazu brauchen Sie nur die Taste »GOTO« zu drücken und in der angezeigten Wegpunktliste »HOME« zu wählen. Auf der Kompaßseite steht nunmehr der Kurs zum Wegpunkt »HOME«, dieser läßt sich natürlich wegen der bebauten Fläche nicht einhalten. Auch die angezeigte Entfernung (Luftlinie) ist zunächst uninteressant. Aber keine Angst, der GPS-Empfänger bringt Sie gewiß nach Hause.

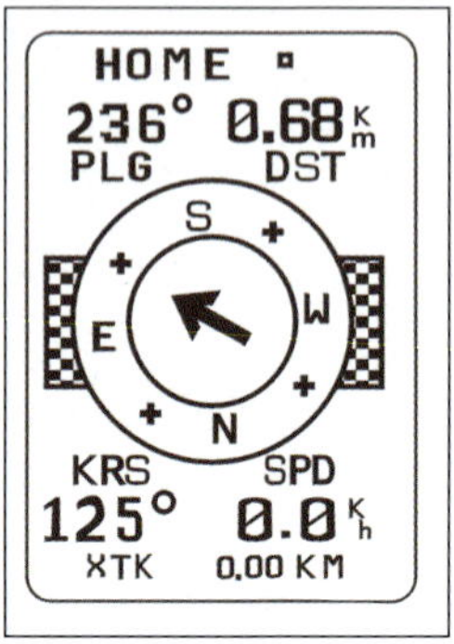

Bild 46 Goto-Route: Kompaßseite (GPS 12)

In dem variablen Feld wird die Kursabweichung gewählt. Damit der Richtungszeiger in die richtige Richtung zeigt, müssen Sie sich nach der Fluchtlinie des bisherigen Kurses ausrichten, es sei denn Sie benutzen, wie im Kapitel 5 beschrieben, einen Kompaß. Darauf bringen Sie noch den Kilometerzähler (TRIP) auf Null.

Jetzt können Sie sich um 180° drehen und den Rückweg antreten. Obwohl Sie sich gedreht haben, verändert der Richtungszeiger seine Lage zunächst nicht, erwartungsgemäß weist er erst nach etwa 30 m in die richtige Richtung. Aus der Anzeige ist weiterhin ersichtlich, daß das Ziel etwa halblinks vom aktuellen Kurs liegt. Da aber wegen der Bebauung kein Abbiegen möglich ist, wird weiter der bisherige Kurs verfolgt. Erst bei der Abbiegung besteht die Chance, die angezeigte Richtung (Peilung zum Ziel) einzuschlagen. Folgen Sie weiter dem Richtungszeiger bis zum Ziel.

Bild 47 Der GPS-Empfänger ist immer in der Fluchtlinie des letzten Kurses auszurichten

Die Goto-Route eignet sich auch zum Wiederfinden eines Hotels in einer fremden Stadt. Markieren Sie einfach vor Beginn des Stadtbummels den Standtort ihres Hotels und wandern munter drauf los. Soll es zum Hotel zurück gehen, braucht nur der GPS-Empfänger eingeschaltet und mit »GOTO« das Hotel gewählt werden. Genauso läßt sich Ihr abgestelltes Auto nach dem Sammeln von Pilzen finden. Am besten Sie probieren es gleich einmal aus. Also einfach einen Ort mit der Taste »MARK« festlegen und sich von diesem Ort kreuz und quer entfernen. Nach einer gewissen Zeit umdrehen und versuchen mit Hilfe der Kompaßseite den Ort zu finden. Interessant ist es wenn Sie sowohl den Hin- als auch den Rückweg auf der Kartenseite betrachten.

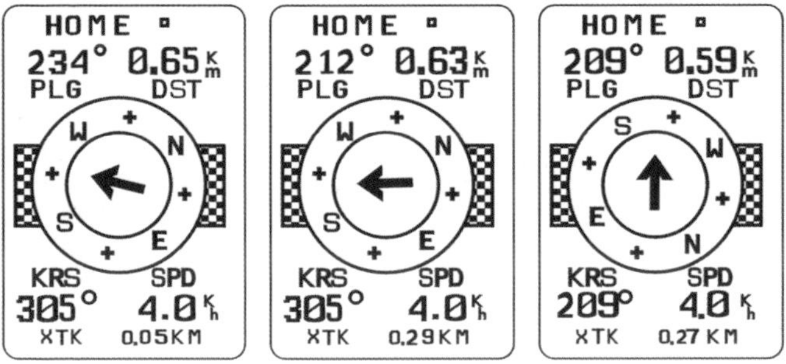

Navigationsseite

Goto-Route 100m nach dem Start am Zielpunkt.

Goto-Route bei der Abbiegung.

Goto-Route 100m nach der Abbiegung.

Bild 48 GOTO-Route: Anzeige der Kompaßseite an verschiedenen Standorten

11.3 Die erste Route

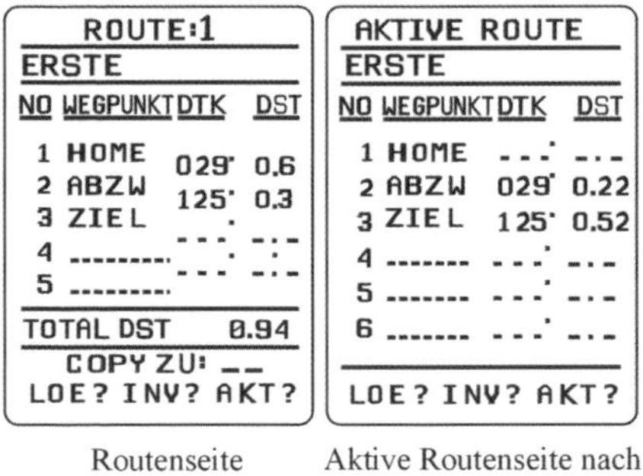

Routenseite

Aktive Routenseite nach 380 Meter

Bild 49 Erste Route: Routenseite vor und nach der Aktivierung

Mit den drei gespeicherten Wegpunkten (HOME, ABZW, ZIEL) sind Sie in der Lage, eine kleine Route zu erstellen. Dazu wird die Routenseite aufgerufen. Auf ihr wird meist gleich eine Routennummer (Route 1) angeboten, diese kann übernommen werden. Bei der Routenbezeichnung tippen Sie mit den Pfeiltasten »ERSTE« ein. Mit der Taste »ENTER« geht es zum Wegpunkt 1. Dort ist mit den Pfeiltasten »HOME« beim

Wegpunkt 2 »ABZW« und beim Wegpunkt 3 »ZIEL« einzugeben. Damit wäre die erste Route erstellt. Im Display stehen die Entfernungen und Peilungen von Wegpunkt zu Wegpunkt. Vergessen Sie das Speichern nicht!

Mitunter läßt sich bei manchen GPS-Empfängern (GPS 300) nur eine Route eingeben. Hier erfolgt die Eingabe der Wegpunkte nach Aufrufen des Routenmenüs durch Schalten von Seite zu Seite.

11.3.1 Abfahren der ersten Route im Simulatormodus

Läßt sich Ihr GPS-Empfänger im Simulationsmodus betreiben, simulieren Sie erst einmal die Wanderung durch Wählen von »SYSTEM SETUP« → »MODE« → »Simulator«. Als nächstes sind auf der Positionsseite unter »POSITION« mit Hilfe der Pfeiltasten die Koordinaten des Startpunktes, also »HOME« einzugeben. Zurück zur Routenseite aktivieren Sie durch Markieren von »AKT?« die Route. Damit verändert sich das Routenfenster. Die Angaben beziehen sich jetzt auf den aktuellen Standort.

Natürlich wollen Sie Ihre erste Route auch sehen. Also wird bis zur Kartenseite geblättert und dort der Maßstab 0,8 km eingestellt. Im Kartensetup müssen Sie die Felder »ROUTE« und »KURSSPEI« aktivieren und im Kurssetup den Speicher sowie auf der Positionsseite »TRIP« frei machen. Erwartungsgemäß tut sich auf der Kartenseite noch gar nichts. Aber das wird gleich anders. Sie brauchen nur zur Positionsseite zu blättern und dort eine Geschwindigkeit (SPEED) von 40 km/h einzugeben und schon beginnt die Wanderung. Ein Blick auf die Kartenseite genügt. Ihr aktueller Standort (Rombus) fährt die Route ab, auch bei der Abzweigung wird problemlos eingeschwenkt. Während der Simulation können Sie darüber hinaus noch den simulierten Trip auf der Kompaß- und der aktiven Routenseite verfolgen.

11.3.2 Trip entlang der ersten Route

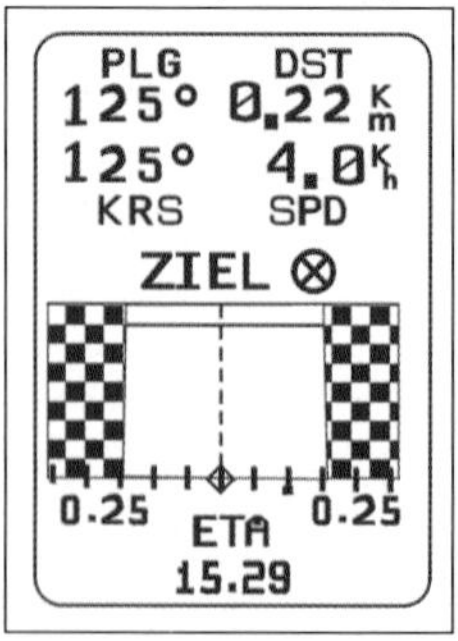

Bild 50 Erster Trip: Autobahnseite

Nun wird es konkret, die aktivierte »ERSTE ROUTE » soll Sie vom Startpunkt zum Ziel führen. Nach Zurücksetzen der Speicher, einem Aktivieren der ersten Route, kann die Tour von »HOME« beginnen. Wie immer müssen Sie etwa 30 m laufen, damit die Kompaßseite den richtigen Kurs anzeigt. Im Vergleich zur GOTO-Route entspricht der vorgegebene Peilungskurs (Marschrichtungszahl) fast genau dem eingeschlagenen Kurs. Die Abweichungen liegen bei dieser geraden Strecke, wie »XTK« auf der Kompaßseite anzeigt, unter 10 m.

Befinden Sie sich eine Minute vom nächsten Wegpunkt (ABZW) entfernt, erscheint die Meldung »Annäherung ABZW«. Bei Erreichung von »ABZW« wechselt auf der Kompaßseite die Anzeige von »ABZW« zum »ZIEL«, und der Richtungszeiger zeigt den neuen Kurs an.

An dieser Stelle empfiehlt es sich wegen der geraden Strecke einmal von der Kompaßseite zur Straßenseite umzuschalten. Da die Strecke geradlinig verläuft und der Abstand zum Ziel nur gering ist, erscheint die Autobahn als Rechteck. Je mehr Sie dem Ziel entgegengehen, desto mehr nähert sich der quer über der Autobahn liegende Zielstreifen der unteren Kante.

Zur Zurückverfolgung der Route, also vom »ZIEL« nach »HOME« bestehen zwei Möglichkeiten. Entweder Sie rufen im Routenmenü die Route 1 auf und drehen die Route durch Anwählen von »INV?« einfach um oder benutzen die elegantere TrackBack-Navigation. Unter der Voraussetzung, daß vor Beginn des Trips der Kursspeicher (Kapitel 9.2) gelöscht und anschließend eingeschaltet wurde, können Sie mit der GOTO-Taste die Gotoseite anwählen und dort ganz unten die TrackBack-Funktion aktivieren. Mit Hilfe des Richtungszeigers auf der Kompaßseite gelangen Sie schnell zum Startort (HOME) zurück.

Die TrackBack-Funktion.

Die TrackBack-Funktion, (TracBack bei Garmin) mitunter auch als Backtrack bezeichnet, ermöglicht die schnelle und einfache Rückverfolgung des Weges durch Benutzung einer automatischen Kursaufzeichnung. Die Vorteile von TrackBack bestehen darin, daß keine Wegpunkte manuell erstellt oder markiert werden müssen, und für den Rückweg – nach Öffnen der Gotoseite mit der GOTO-Taste – nur noch TrackBack aktiviert werden muß.

Interessant ist die Funktion in Zusammenhang mit einer PC-Nutzung. Durch die hohe Speicherkapazität der GPS-Empfänger für Trackpunkte, bei dem GPS 12 sind es 1024, läßt sich die absolvierte Route exakt auf dem Bildschirm darstellen. Die Feinheit der Darstellung bestimmt sowohl die gewählte Betriebsart »Stromsparen« oder

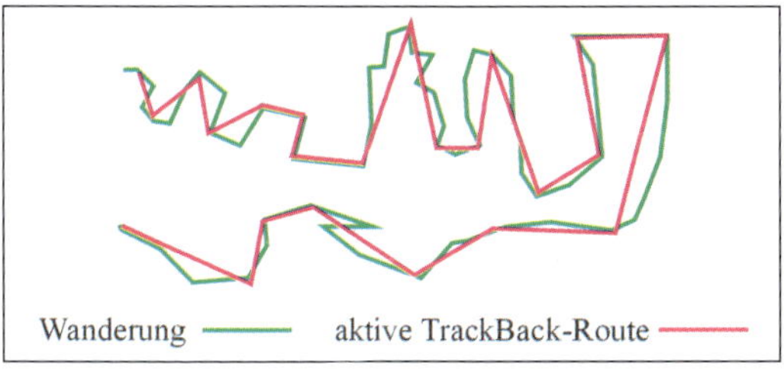

Bild 51 Vergleich zwischen der tatsächlichen Wanderung und der TrackBack-Route

»Normal« als auch die Methode der Kursaufzeichnung, entweder automatisch oder in zeitlichen Abständen, wobei die Einstellung »AUTO« zu bevorzugen ist. Als Aufzeichnungsoptionen stehen die Funktionen »AUS« (OFF), »FÜLL« (FILL) und »WRAP« zur Wahl.

Nach Aufrufen der TrackBack-Funktion berechnet der GPS-Empfänger aus den gespeicherten Trackpunkten temporäre Wegpunkte. Die Anzahl richtet sich nach der zulässigen Wegpunktzahl für eine Route, z.B. sind es bei dem GPS 12 genau 30 Wegpunkte. Bei der Verdichtung der Trackpunkte z.B. von 1 024 auf 30 Wegpunkte wählt der GPS-Empfänger die Punkte mit der größten Richtungsänderung aus. Allerdings leidet darunter, wie aus der Bild 51 ersichtlich, die Präzision der Wiedergabe. Die Trackpunkte erscheinen in der Wegpunktliste mit den Namen TOO1, TOO2 usw. und dem Symbol Ⓣ.

Ist die TrackBack-Funktion aktiviert, will Sie der GPS-Empfänger immer zum ersten Trackpunkt zurückbringen. Haben Sie vergessen die alte Route im Kursspeicher zu löschen, bringt Sie der GPS-Empfänger natürlich zum ersten Punkt der vorherigen Route zurück. Löschen Sie deshalb vor Beginn einer Wanderung die Kursaufzeichnung immer erst am Startpunkt.

Falls auf der Kartenseite im Kurssetup unter »METHOD« die Kursaufzeichnung auf ein Zeitintervall gesetzt wurde, folgt die TrackBack-Route nicht exakt dem zuruckgelegten Weg. Vorgeschlagen wird deshalb die automatische »AUTO« Kursspeicherung. Schalten Sie den Empfänger zwischenzeitlich aus oder verliert er den Satellitenkontakt, zieht die TrackBack-Funktion eine gerade Linie zwischen dem Punkt, an dem der Empfang unterbrochen wurde und dem Punkt, an dem er wieder aufgenommen wurde. Dieses kann, wie unten erklärt, zu Problemen führen.

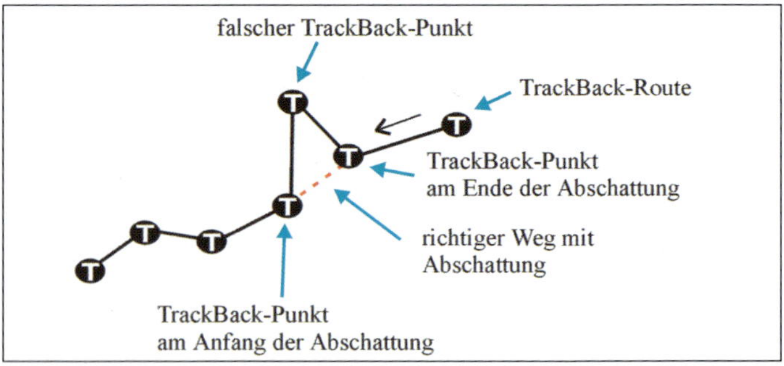

Bild 52 Falscher TrackBack-Punkt nach einer Abschattung

Verwaltet wird die aktivierte TrackBack-Route genau so wie eine übliche aktivierte Route. Soll die Route gespeichert werden, kopieren Sie einfach wie im Kapitel 9.3 beschrieben, die aktivierte TrackBack-Route (Route 0) in eine leere Routennummer. Da Sämtliche TrackBack-Punkte ein einheitliches Symbol erhalten, lassen sie sich mit der »Löschmethode nach Symbolen« einfach löschen.

11.4 Eine Tour mit simulierter Satellitenabdeckung

In der Praxis kommt es des öfteren vor, daß Satelliten abgedeckt werden und die Meldung »Poor GPS Abdeckg« (Poor GPS Coverage) erscheint. Für solch einen Fall ist gut, wenn Sie das Verhalten des Empfängers kennen.

Die Tour beginnt wie üblich mit der Initialisierung, Löschen der Speicher und Einschalten der Kursspeicherung. Laufen Sie anschließend etwa fünf Minuten in eine beliebige Richtung und beobachten dabei die Kartenseite! Nun wird eine Abdeckung simuliert, dazu verdecken Sie mit beiden Händen die GPS Antenne bis die entsprechende Meldung erscheint. Mit der abgedeckten Antenne laufen Sie weitere fünf Minuten und geben dann die Antenne frei. Dieses ist der kritische Moment. Mitunter erfolgt hier eine falsche Anzeige (Bild 52). Falls Sie den Weg mit der TrackBack-Funktion zurück verfolgen, dürfen Sie nicht zum falschen Punkt laufen, sondern müssen mit der GOTO-Funktion den letzten Wegpunkt vor der Abdeckung ansteuern.

11.5 Professionelle Route

Auf Grundlage der absolvierten Übungen läßt sich nun eine echte Profitour planen und durchführen. Natürlich ist es eine fiktive Route, aber der Gebrauch eines GPS-Empfängers läßt sich eben an Hand eines praktischen Beispiels am besten erklären. Außerdem können Sie bestimmt in Ihrem Umfeld eine ähnliche professionelle Route zusammenstellen.

Vorbemerkungen

Bei den vorangegangenen Übungen wurden die Koordinaten eines Wegpunktes an Ort und Stelle mit der Markierungstaste markiert und als Wegpunkt automatisch vom GPS-Empfänger übernommen. In diesem Fall repräsentieren die Koordinaten exakt den Ort. Damit läßt sich der Wegpunkt auch auf etwa 10 Meter genau ansteuern.

Anders sieht es schon aus, falls wie im Normalfall der Wegpunkt aus der Karte entnommen wird. So entspricht auf einer 1:50 000 Karte eine Abweichung von 1 Millimeter einer Differenz von 50 m. Blieb z. B. bei der Koordinatenbestimmung eines Wegpunktes der Lagebezugspunkt (Kapitel 7.4) unberücksichtigt, so ergibt sich schnell eine Abweichung von über 60 m. Deshalb stimmt der vom GPS-Empfänger angesteuerte Wegpunkt nur selten exakt mit dem natürlichen Ort überein, er ist in einem Umkreis von 50 m zu suchen. Aus diesem Grunde sollte bei der

Benutzung eines GPS-Empfängers immer die zutreffende Karte im Gepäck liegen.

Ein weiteres Problem ist, wie bereits bemerkt, die Abschattung der Satelliten. Durch hohe Berge, enge Straßen, dichten Wald etc. kann der Empfang der Satellitensignale so gestört werden, daß keine Initialisierung möglich ist. Wurde dagegen die Initialisierung vorher abgeschlossen, begnügt sich der GPS-Empfänger auch mit schlechteren Signalen.

Hinweis

Schalten Sie den GPS-Empfänger in Gebieten mit möglichen Abschattungen (Wald, enge Straßen) nie vorschnell ab, im Gegenteil, der GPS-Empfänger ist einzuschalten, bevor ein solches Gebiet (Wald) betreten wird.

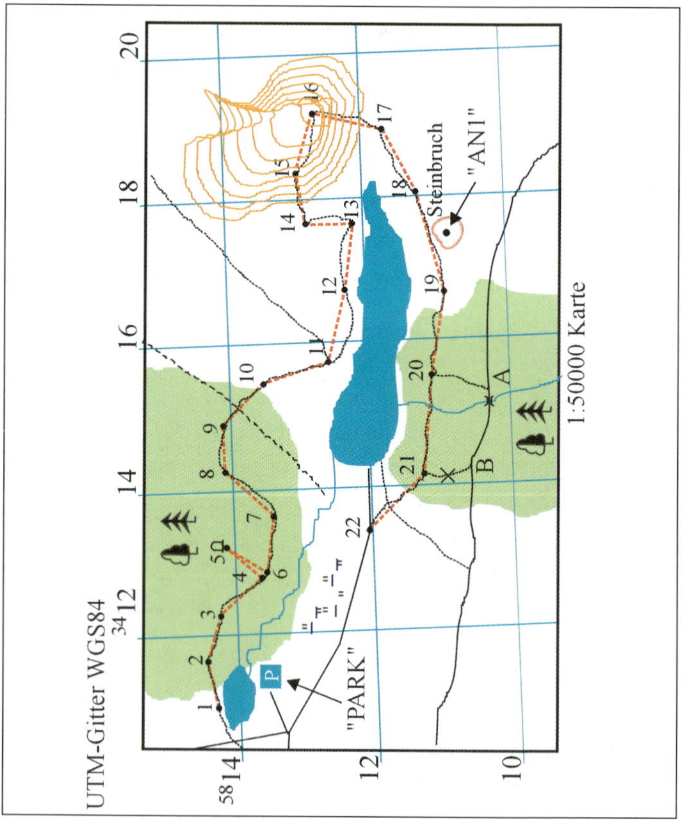

Bild 53 Die erste Profi-Route

Routenplanung

Wegen hohen Außentemperaturen soll die Wanderung bei Sonnenaufgang beginnen. Besitzt Ihr GPS-Empfänger eine entsprechende Funktion, was bei den meisten Empfängern der Fall ist, so schalten Sie zunächst den GPS-Empfänger auf den Modus »Simulation«, geben auf der Positionsseite die ungefähren Koordinaten irgendeines Punktes der Route ein und schalten dann zum Hauptmenü. Für den 23.5.2001 geht demnach im Gebiet der vorgesehenen Route die Sonne um etwa 5:00 Uhr auf.

Die Route selbst (Bild 53) beginnt an einem kleinen See, führt durch den Wald, wo ein Denkmal mitten im Wald gesucht wird. Anschließend führt die Route zu einem See und steigt auf einen Berg. An einem Steinbruch vorbei (Absturzgefahr!), endet sie schließlich südöstlich eines Parkplatzes.

Auswahl und Bestimmung der Wegpunkte

Es ist immer sinnvoll, so viel wie möglich Wegpunkte für eine Route festzulegen. Auf der Tour besteht dann des öfteren die Gelegenheit, ohne große Berechnungen, den aktuellen Standort an Hand der Karte zu kontrollieren. Auch nähert sich die eingegebene Route besser der tatsächlichen Strecke an. Zur Abgrenzung vorangegangener Routen erhalten die Wegpunkte ein einheitliches Präfix »PRO« mit einer fortlaufenden Nummer und einem einheitlichen Symbol.

Weiterhin ist bei dem Wegpunkt 5 der Lagebezugspunkt zu beachten. Zwischen den Wegpunkten 14 und 16 vernachlässigt der Kilometerzähler des GPS-Empfängers den Anstieg, d.h. der tatsächliche Weg (TRIP) ist länger (Bild 55). Das Gleiche gilt für die Marschgeschwindigkeit, die in diesem Gebiet kleiner als die angezeigte ist. Wegen der Gefahr eines Absturzes in einen Steinbruch, zwischen den Wegpunkten 18 und 19, erstellen Sie dort einen Annäherungswegpunkt »AN1«.

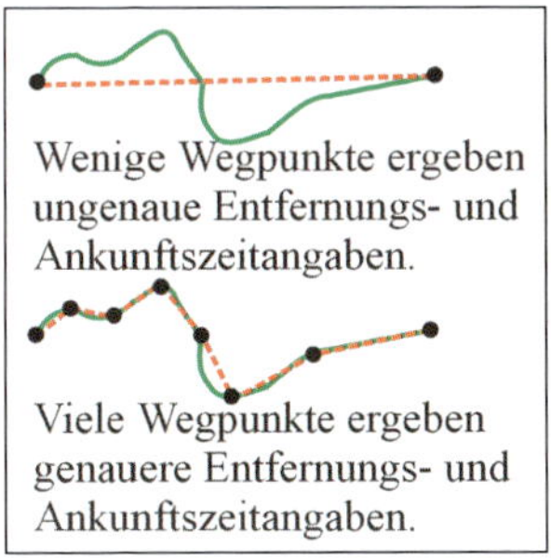

Bild 54 Einfluß der Wegpunktanzahl auf die Genauigkeit der Route

Nach der Auswahl der Wegpunkte sind deren Koordinaten zu bestimmen und der Reihe nach, einschließlich des Annäherungswegpunktes in den GPS-Empfänger einzutippen. Da die Karte ein UTM Gitter besitzt, brauchen Sie nur die Entfernungen der Wegpunkte von den Gitterlinien messen, in Meter umzurechnen und nach der Addition als UTM Koordinaten in den GPS-Empfänger einzugeben.

Hinweis

Die UTM Koordinaten sind immer in Meter umzurechnen. Die Eingabe in den GPS-Empfänger erfolgt beim Ostwert als sechsstellige und beim Nordwert als siebenstellige Zahl. Werden beim Ostwert sieben Stellen verlangt, bekommt die erste Stelle eine »0«. Verlangt der GPS-Empfänger bei der Eingabe das Zonenfeld, geben Sie, falls sich der Standort auf der Nordhalbkugel befindet, einen beliebigen Buchstaben von N bis X, im anderen Fall von C bis M ein (Bild 17). Der GPS-Empfänger berechnet dann automatisch aus den eingegebenen Koordinaten das zutreffende Zonenfeld.

Zur Ermittlung der Entfernungen der Wegpunkte von den Gitterlinien eignet sich sowohl ein Planzeiger als auch ein Winkeldreieck. Die Schenkel sind dabei immer senkrecht zu Gitterlinien und nicht etwa zum Kartenrand auszurichten. Die Werte selbst sind in Millimeter mit einer geschätzten Nachkommastelle abzulesen. Eine Lupe leistet gute Dienste. Sämtliche gemessenen Kartenentfernungen sind anschließend auf Meter in der Natur umzurechnen. Dieses geschieht mit der Formel:

$$\text{Entfernung in der Natur (m)} = \frac{\text{Kartenentfernung (mm)} \cdot \text{Kartenmaßstab}}{1\,000}$$

Für den ersten Wegpunkt, der 20,2 Millimeter links von der Gitterlinie liegt, berechnet sich dann für den Ostwert eine Entfernung von 20,2 · 50 000/1 000 = 1 010 m. Dieser Wert wird zu den UTM Koordinaten der betreffenden Gitterlinie addiert. Allerdings muß vorher die Koordinatendarstellung auf der Karte ebenfalls auf Meter gebracht werden. Wie im Kapitel 7.3 dargestellt, bedeutet die Anzeige ^{34}12 auf dem Kartenrand, daß die Linie 412 km (die 3 bezieht sich auf die Zone) oder 412 000 m vom Mittelmeridian verläuft. Da der erste Wegpunkt links von der Gitterlinie liegt, ist er abzuziehen. Der Ostwert lautet nun 410 990 und unter Berücksichtigung der Zone 33 410 990. Analog wird mit dem Nordwert verfahren. Am besten legen Sie gleich eine Tabelle an.

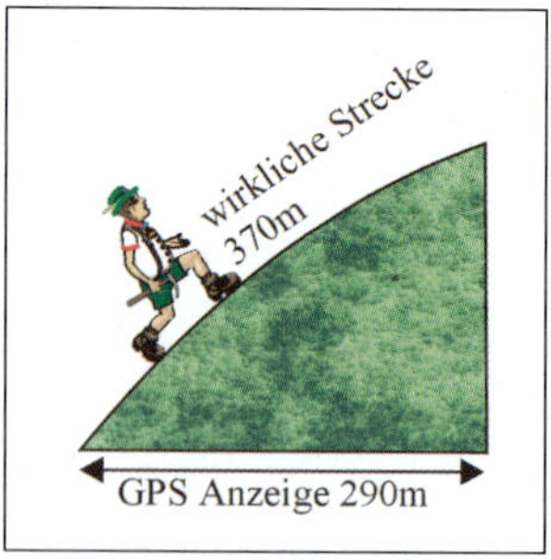

Bild 55 Falsche TRIP Anzeige beim Bergbesteigen

Zum Schluß wäre nur noch der Annäherungswegpunkt festzulegen. Dazu wird vom Hauptmenü des GPS-Empfängers die

Annährungswegpunktseite aufgerufen, dort der Wegpunkt »AN1« angewählt und unter der Distanz 0,5 km angewählt. Natürlich können Sie die Tabelle, wie im Kapitel 12.2.2 beschrieben, mit einem PC erstellen.

Tabelle 8 Wegpunktliste

Wegpunktliste (UTM Gitter, WGS84)						
	Ostwerte			Nord Werte		
Name	mm vom Gitter	Gitterlinie	berechn. UTM Wert	mm vom Gitter	Gitterlinie	berechn. UTM Wert
PRO1	–20,2	412000	410990	6,46	5814000	5814323
PRO2	–7,3	412000	411635	8,92	5814000	5814446
PRO3	6,0	412000	412300	4,58	5814000	5814229
PRO4	15,3	412000	412765	32,80	5812000	5813640
PRO5	23,8	412000	413190	2,22	5814000	5814111
usw.						
PRO22	27,8	412000	413390	1,72	5812000	5812086
AN1	30,8	416000	417540	16,00	5810000	5810800

Eingabe der Wegpunkte

Vor der Eingabe der Wegpunkte sind im Navigationssetup des GPS-Empfängers, das der Karte entsprechende Koordinatensystem und Kartendatum einzustellen. Für die Profi-Route ist es das UTM System und das WGS84. Hier gibt es mitunter ein Problem. Einige GPS-Empfänger, darunter auch der GPS 12, verlangen bei der Koordinateneingabe das Zonenfeld, und dieses steht nicht immer auf der Karte. In diesem Fall geben Sie, wie im Hinweis beschrieben, einen Buchstaben von N bis X für Nordhalbkugel und von C bis M für die Südhalbkugel ein. Da auf der Route die vom GPS-Empfänger angezeigten Werte mit einem Kompaß verglichen werden, empfiehlt es sich im Navigationssetup die Mißweisung auf AUTO zu stellen.

Ausgehend von der angelegten Tabelle tragen Sie darauf die einzelnen Wegpunkte auf der Wegpunktseite ein und verpassen das Speichern nicht!

Sind sämtliche Wegpunkte eingetragen, und was ganz wichtig ist, auch sorgfältig kontrolliert, wird die Routenseite aufgerufen. Dort werden sie der Reihe nach in die Route eingefügt. Die Wegpunkte bezeichnet man nun als Routenpunkte. Bereits nach der Eingabe des zweiten Wegpunktes zeigt der GPS-Empfänger die Peilung und Distanz an. Am Schluß steht die Gesamtlänge der Route.

Wanderung entlang der eingegebenen Route

Damit Sie in jedem Fall Ihr geparktes Auto finden, wird der GPS-Empfänger gleich beim Aussteigen eingeschaltet, initialisiert und der Standort mit der MARK-Taste als Wegpunkt »PARK« eingefügt. Anschließend können Sie entsprechend der Checkliste die Speicher löschen und die Route aktivieren. Der einzustellende Modus richtet sich nach dem Zustand der Batterien. Empfehlenswert ist der »NORMAL« Modus. Notfalls läßt sich, falls bei der Wanderung die Batterien zu Ende gehen, immer noch auf »STROMSPAREN« umschalten. Eigentlich sollte die Wanderung beginnen, nur will Sie der GPS-Empfänger nicht zum Routenpunkt 1, sondern zu dem näherliegenden Routenpunkt 3 bringen. Wählen Sie einfach mit der GOTO-Taste den Wegpunkt »PRO1« an. Damit nicht der falsche Kurs eingeschlagen wird, laufen Sie 30 m in die angenommene Richtung und folgen dem Richtungspfeil oder stellen einen mitgeführten Kompaß auf den angezeigten Kurs (Kompaßseite). Nach Erreichen des 1.Wegpunktes kann die Wanderung durch das Blättern zur Navigationsseite gestartet werden. Bereits beim zweiten Wegpunkt werden Sie trotzt der sorgfältigen Eingabe bemerken , daß der angezeigte Punkt nicht exakt mit dem tatsächlichen übereinstimmt.

Sind weitere Wanderungen auf der Strecke geplant lohnt es sich – nach dem Aufrufen der Markierungsseite mit der MARK-Taste – die exakten Koordinaten zu speichern, vielleicht unter den Namen »PRO2a«? Bei der nächsten Wanderung benutzen Sie dann einfach an Stelle des Routenpunktes »PRO2« einfach »PRO2a«.

Zwischen dem Routenpunkt 18 und 19 erhalten Sie eine Warnung bezüglich des Steinbruches. Bei der Teilstrecke 20 bis 21 fehlt die Brücke. Hier wird einfach links eingebogen, ohne den Richtungspfeil zu beachten. Nach einem nochmaligen Rechtseinbiegen können Sie sich schon etwas nach dem Richtungspfeil richten. Genau ab Punkt B.

Auf dem Weg zum Routenpunkt 21 soll auf der Karte der aktuelle Standort (x) gesucht werden. Kein Problem, dazu sind auf der Positionsseite nur die Koordinaten abzulesen und in die Kartenwerte umzurechnen. Abgelesen wurden 33 U 414 055 und 5 810 460. Die nächste, links vom abgelesenen Ostwert liegende Gitterlinie (bei der rechten ist der Wert zu subtrahieren), ist die ^{34}14 Linie bzw. 414 000. Die Differenz beträgt 55 m (414 055–414 000), bezogen auf die 1:50 000 Karte sind es (55 · 1 000/Kartenmaßstab) 1,1 mm. Die nächste unterhalb des abgelesenen Nordwertes verlaufende Gitterlinie ist die ^{58}10 bzw. 5 810 000. Hier sind es 460 m, und unter Berücksichtigung des Kartenmaßstabes 9,2 mm. Der gesuchte Standort befindet sich also 1,1 mm östlich der ^{34}14 Linie und 9,2 mm nördlich der ^{58}10 Linie. Die Wanderung endet schließlich mit dem Routenpunkt 22. Damit

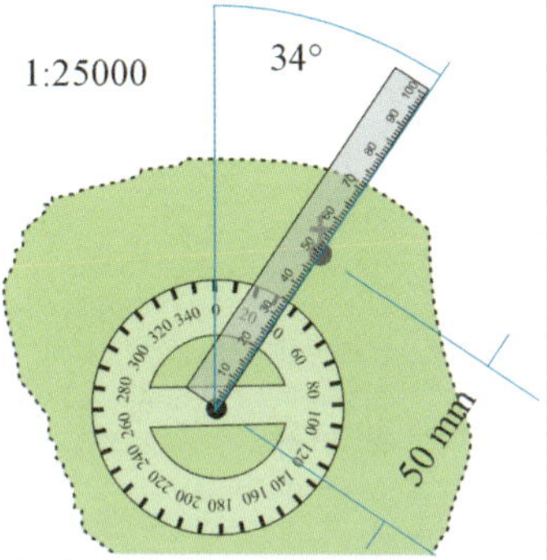

Referenzwegpunktbestimmung mit Lineal und Winkelmesser.

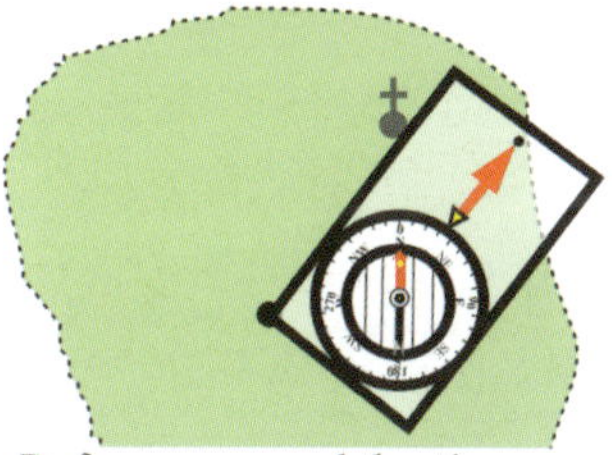
Referenzwegpunktbestimmung mit dem Kompaß.

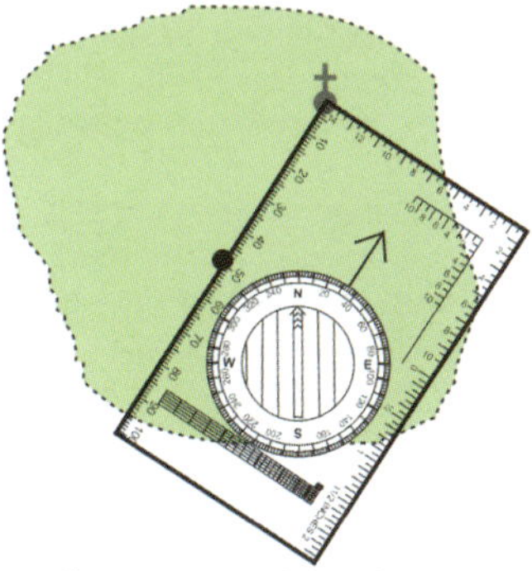
Referenzwegpunktbestimmung mit dem Kartenwinkelmesser.

Koordinaten am Standort
N 52°14,237'
E013°15,345'

Bild 56 Verschiedene Möglichkeiten der Referenzwegpunktbestimmung

Sie zum Auto gelangen, wird mit der GOTO-Taste einfach der Wegpunkt »PARK« angesteuert.

Wie bei den Übungstouren sollten Sie bei der Wanderung des öfteren zur Karten-, Routen- Positions- und Satellitenseite (Batteriezustand) blättern, auch ein Blick zur Karte kann nicht schaden.

11.6 Tour ohne Vorbereitung nach herkömmlicher Art oder wenn die Karte keine Koordinaten besitzt

Diese Art der Tour mit dem Referenzwegpunkt entspricht weitestgehend einer herkömmlichen Wanderung mit Karte und Kompaß. Sie benötigen nur eine Karte für das Wandergebiet, einen Winkelmesser mit Lineal, einen Plattenkompaß oder einen Kartenwinkelmesser. Allerdings muß Ihr GPS-Empfänger eine Referenzwegpunktfunktion besitzen, welche sich meist auf der Wegpunktseite unter den Koordinaten des Wegpunktes befindet.

Die Vorgehensweise kennen Sie vom Wandern mit dem Kompaß. Zunächst wird auf der Karte ein exakt zu identifizierender Startpunkt ausgewählt. Von ihm müssen Sie dann auf der Karte den Winkel und die Entfernung zum nächsten Wegpunkt bestimmen (Bild 56). Wichtig ist, daß der Nullpunkt des Winkelmessers bzw. der Nordpfeil des Kompasses oder Kartenwinkelmessers senkrecht zum oberen Kartenrand zeigt.

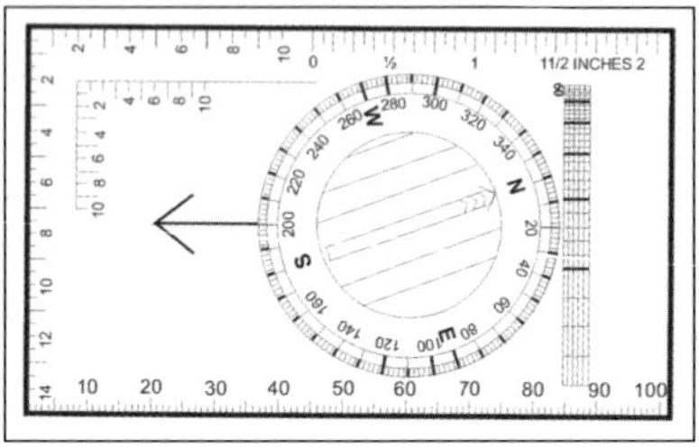

Bild 57 Kartenwinkelmesser der Firma SILVA

Empfehlenswert ist der Kartenwinkelmesser von SILVA (Bild 57) mit drehbarer Windrose, wie Sie Globetrotter im Internet http://www.globetrotter-online-shop.de anbietet. Der Kartenwinkelmesser ähnelt überaus dem Plattenkompaß, nur daß die Kompaßnadel fehlt.

Schließlich wird die gemessene Entfernung entsprechend dem Kartenmaßstab in Kilometer umgerechnet. Im Beispiel der Bilden 56, 58 sind es

$$25\,000 \cdot 5\,/100 = 1\,250 \text{ m} = 1{,}25 \text{ km}.$$

Am Startort schalten Sie den GPS-Empfänger ein und stellen die Mißweisung (»KOMKURS« bzw. »HEATING«) auf »WAHR« oder »TRUE«. Das Kartendatum und Koordinatennetz ist hier ohne Bedeutung. Nach der Initialisierung markieren sie den Ort mit der MARK-Taste, übernehmen den angebotenen Namen oder erstellen einen neuen Namen für den Wegpunkt und sichern den Wegpunkt. Als nächstes rufen Sie aus der Wegpunktliste den Wegpunkt auf und geben unter »BEZ:« bzw. »REF:« die Daten für den Referenzwegpunkt ein. Der Referenzwegpunkt erscheint jetzt als selbständiger Wegpunkt.

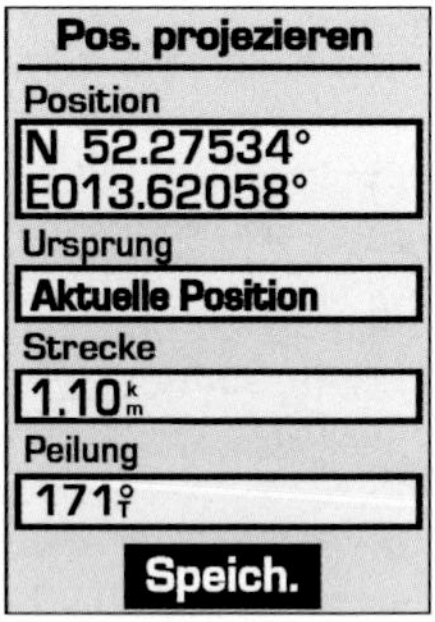

Bild 58 GPS 72: Eingabe eines Referenzpunktes

Im Prinzip lassen sich von hier aus gleich weitere Referenzwegpunkte eingeben. Dieses ist jedoch wegen der Fehlerfortsetzung nicht ratsam. Besser ist es, wenn Sie mit Hilfe der GOTO-Funktion zu dem Wegpunkt (Referenzwegpunkt) wandern und erst dort die Vorgehensweise wiederholen. Bei dem GPS72 finden Sie die Eingabe für den Referenzwegpunkt nach der Speicherung des Standortes und Aufrufen des gespeicherten Punktes unter »Pos.projezieren«.

Grundsätzlich erreicht die Genauigkeit der Referenzpunktmethode nicht die der direkten Koordinateneingabe. Abweichungen von über 50 m sind keine Seltenheit.

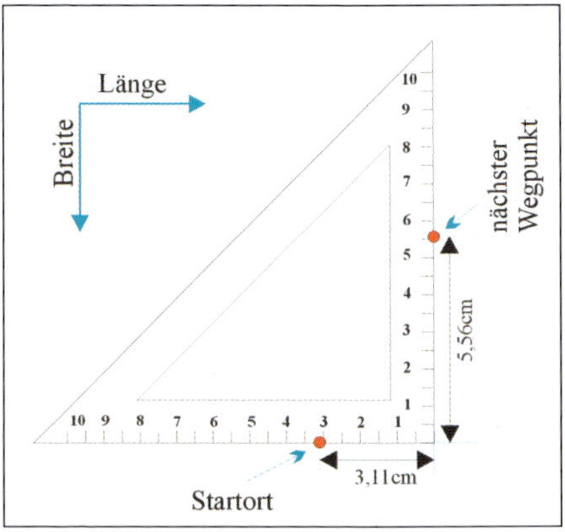

Bild 59 Wegpunktentnahme aus einer Karte ohne Koordinatenangabe

11.7 Vorbereitete Tour mit einer Karte ohne Koordinatenangabe

Besitzt Ihre Karte kein Koordinatennetz, können Sie wie üblich eine Route aus Wegpunkten erstellen. Allerdings bedarf es einiger Vorbereitungen. So müssen Sie zuerst auf der Karte die rechtwinkligen Entfernungen in Zentimeter (Breite und Länge) der einzelnen Wegpunkte vom Startpunkt messen.

Danach erfolgt eine Umrechnung der Abstände in Dezimalgrad. Zur Umrechnung lohnt die Anlegung einer Tabelle.

Tabelle 9 Vorbereitete Tabelle zur Berechnung der Wegpunkte am Startort

Wegpunkt	Breitenabstand (cm)	Breitengradabstand (°)	Breitengrad	Längenabstand (cm)	Längengradabstand (°)	Längengrad
WP1	5,56	0,012509	52,36496	3,11	0,01145	14,44577
WP2	7,31	0,016446	52,3689	4,20	0,01546	14,44978

In diese Tabelle können schon zu Hause die Breiten- und Längenabstände von dem vorgesehenen Standort eingetragen und bei annähernd bekannten Breitengrad – wegen cos (Breitengrad) – auch der Längengradabstand berechnet werden.

$$\text{Längengradabstand (Dezi.grad)} = \frac{\text{Kartenmaßstab}}{1{,}852 \cdot 100\,000 \cdot 60 \cdot \cos\text{(Breitengr.)}} \cdot \text{Kartenabstand (cm)}$$

$$\text{Breitengradabst. (Dezi.grad)} = \frac{\text{Kartenmaßstab}}{1{,}852 \cdot 100\,000 \cdot 60} \cdot \text{Kartenabst. (cm)}$$

Am genausten ist es allerdings wenn der Breitengrad zur Kosinusbestimmung erst am Startort entnommen wird.

Bei der Kosinusberechnung ist zu beachten, daß viele Taschenrechner den Kosinus im Bogenmaß verlangen. Die Umrechnung erfolgt nach:

$$\cos(\text{Bogenmaß}) = \frac{\cos(\text{Grad})}{180} \cdot \check{s}$$

Wer einen PC besitzt, kann diesen zur Vorbereitung einsetzen.

Beispiel

Berechnung der Wegpunkte am Startort

Auf der 1:25 000 Karte gemessen: Breitenabstand = 5,56 cm, Längenabstand = 3,11 cm.

Am Startort mit dem GPS gemessen: 52,35245° n.Br. und 14,43432° ö.L.

daraus berechnet sich ein Breitengradabstand von

$$\frac{25\,000}{1{,}852 \cdot 100\,000 \cdot 60} \cdot 5{,}56 = 0{,}012509 \text{ Dezimalminuten}$$

dieses entspricht einem Breitengrad von 0,012505 + 52,35245 = 52,36496° n.Br.

Für den Längengradabstand gilt:

$$\frac{25\,000}{1{,}852 \cdot 100\,000 \cdot 60 \cdot \cos(52{,}35)} \cdot 3{,}11 = 0{,}01145 \text{ Dezimalmin.}$$

dieses entspricht einen Längengrad von 0,01145 + 14,43432 = 14,44577° ö.L.

Nach der Berechnung werden die Werte am Startort, wie üblich als Wegpunkte in den GPS-Empfänger eingegeben und zu einer Route zusammengestellt.

Der Vorteil gegenüber der Methode mit den Referenzwegpunkten zeigt sich vor allem in einer höheren Genauigkeit und einer einmaligen Eingabe am Startort.

12 Der Computer, ein mächtiger Helfer

12.1 Übersicht

Jeder Besitzer eines Computers, Laptops oder Handheld-PC (Palm) sollte diesen auch für die Arbeit mit dem GPS-Empfänger nutzen. Die Anwendung ist vielfältig, sie beginnt mit der Aufstellung einer Wegpunktliste an Hand einer selbst gescannten Karte und endet mit der mobilen Navigation auf dem Fahrrad oder im Kraftfahrzeug.

Besitzt der GPS-Empfänger keine Schnittstelle oder verfügen Sie nicht über die betreffende Software, so besteht immerhin die Möglichkeit, eine Wanderkarte zu scannen, dann die Wegpunkte wie unten beschrieben mit dem Cursor anzusteuern und nach der

Umrechnung per Hand in den GPS-Empfänger einzugeben. Am besten läßt man sich die Karte mit der Wanderroute, den Wegpunkten, Piktogrammen und einer Wegpunkttabelle gleich ausdrucken.

Etwas weniger aufwendig wäre, noch ohne Kopplung mit dem PC (Offline Betrieb), die Verwendung digitalisierter Karten. Beachtenswert sind hier die Top50 Karten auf CD-ROM der Landesvermessungsämter. Falls Ihr Routenplaner die Koordinaten anzeigt, können Sie diesen ebenfalls einsetzen.

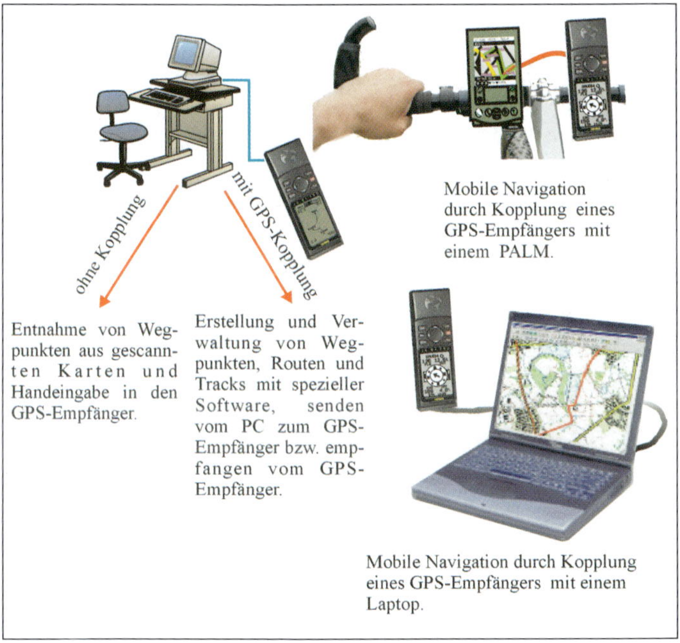

Bild 60 Mögliche Nutzung eines Computers

Für Fortgeschrittene ist eine direkte Kopplung des GPS-Empfängers mit dem PC das Richtige (statischer Online-Betrieb). Mit Hilfe entsprechender Software werden die Daten (Wegpunkte, Routen und Tracks), zu Hause in den Empfänger überspielt oder von ihm geholt. Zur Kopplung benötigen Sie dann nur noch ein sogenanntes Interfacekabel.

Sie wollen noch etwas weitergehen und ihren GPS-Empfänger als preiswertes, mobiles Navigationssystem nutzen. Auch kein Problem, falls Sie einen Laptop oder Handheld-PC besitzen.

12.1.1 *Problemloses Routenerstellen ohne PC-Kopplung (Offline Betrieb)*

Auch ohne eine PC-Kopplung kann ein PC die sonst recht mühevolle Auswahl, Aufstellung und Eingabe einer Wegpunktliste oder Route wesentlich erleichtern. Als Grundlage dienen selbst gescannte Wanderkarten. Sie benötigen nur einen Scanner und ein Zeichen- oder CAD-Programm. Schon das Malprogramm Paint, ein Zusatzprogramm von Windows, ist hilfreich. Der Cursor ersetzt dabei den Planzeiger. Wünschenswert ist ein Tabellenkalkulationsprogramm wie Excel oder MS-Works. Außerdem müssen noch die Koordinaten eines Punktes bekannt sein. Befinden sich auf der Karte keine Koordinaten, so besteht oft die Gelegenheit diese aus einem Routenprogramm (siehe unten) zu übernehmen. Notfalls ist die Wegpunktliste soweit vorzubereiten, daß am Startort der Wanderung, nach der ersten Positionsbestimmung die Wegpunkte schnell mit einem Taschenrechner berechnet und in den GPS-Empfänger eingegeben werden.

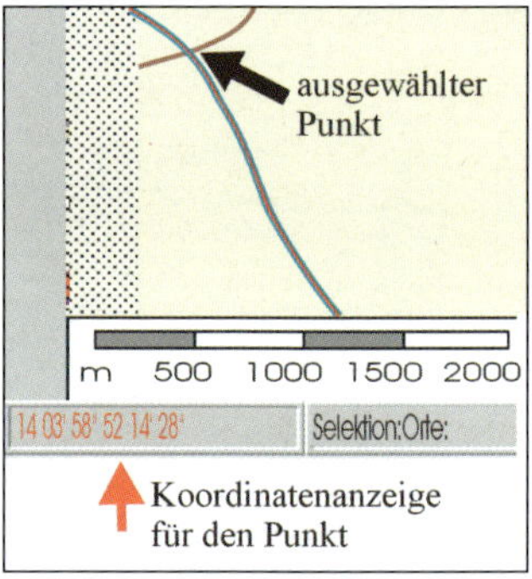

Bild 61 Koordinatenbestimmung eines charakteristischen Punktes mit dem Falk Routenplaner

12.1.2 *Wegpunkterstellung auf selbst gescannten Karten*

Nach dem Scannen einer Wanderkarte für die vorgesehene Wanderroute können Sie diese mit einem Zeichen- oder CAD-Programm weiter bearbeiteten. Anstelle der aufreibenden Arbeit mit dem Planzeiger wird nun einfach der Cursor auf einen Wegpunkt der gescannten Karte gesetzt und die X- und Y-Koordinaten abgelesen. Weil sich die Cursoranzeige nur auf den Bildschirm bezieht, ist eine Umrechnung notwendig. Dazu dient das Tabellenkalkulationsprogramm. Mit diesem lassen sich die meist auf der Statusleiste angezeigten Koordinaten in die für den GPS-Empfänger verständlichen geographischen Koordinaten transformieren.

Sie brauchen zunächst für einen Punkt, den sogenannten Kalibrierungspunkt, die geographischen oder geodätischen Koordinaten. Davon ausgehend werden die auf dem Bildschirm angezeigten Koordinaten für jeden Wegpunkt bestimmt und in geographische Koordinatenabstände umgerechnet. Nach der Addition der Koordinaten des Kalibrierungspunktes ergeben sich die Koordinaten der Wegpunkte.

Leider funktioniert die Vorgehensweise nur bei den großmaßstäblichen Wanderkarten bis etwa 1:50 000. Bei kleinmaßstäblichen Karten z.B. 1:200 000 reicht ein Kalibrierungspunkt nicht mehr aus. Hier wird dann schon eine spezielle Software benötigt. Besitzen die Karten ein geodätisches Gitter können Sie auch kleinmaßstäbliche Karten einigermaßen genau kalibrieren.

Erstellen einer Wegpunktliste aus einer gescannten Karte mit geographischen Koordinaten

Zuerst sollten Sie eine Liste zur Transformation der abgelesenen Cursorwerte in die geographischen Koordinaten vorbereiten. Die Liste muß Spalten zur Eintragung der aus den gescannten Karten abgelesenen Cursorwerte und den umgerechneten Koordinaten enthalten. Am einfachsten läßt sich die Liste mit einem Tabellenkalkulationsprogramm (MS Excel oder MS Works) erstellen. Die Umrechnung selbst erfolgt wie unter 8.3.3 beschrieben, allerdings diesmal in Dezimalgrad.

Vorbereitete Liste zur Eintragung und Umrechnung der Cursorwerte

	A	B	C	D	E	F	G
1						Start Breite	...
2	Wegpunkt	Y-Wert	X-Wert	Breite	Länge	Start Länge	...
3	....	....	....	....	....		
4							

- In die Spalten B und C, ab B3 bzw. C3 werden die angezeigten metrischen Cursorwerte eingetragen.
- In D3 ist die Formel zur Berechnung der Breite einzugeben:
- Abgelesener Y-Wert (mm) / 10 · Maßstab/100 000/111,1 · Scannfaktor Y+ Ausgangswert (Breite)
- (B3/10*25 000/100 000/111,1)+$G$1
- In E3 ist die Formel zur Berechnung der Länge einzugeben:
- Abgelesener X-Wert (mm) / 10 · Maßstab/100 000/111,1/ cos (Breite) · Scannfaktor X + Ausgangswert (Länge) (C3/10*25 000/100 000/111,1/COS(D3/180*PI()))+$G$2.
- Unter G1 und G2 werden die Kalibrierungskoordinaten in Dezimalgrad eingetragen.

Dabei ist /10 die Umrechnung von mm in cm, 25 000 ein angenommener Kartenmaßstab 1:25 000, 100 000 die Umrechnung von km in m und D3/180*PI() die Umrechnung von Winkelgrad in Bogengrad.

Wie gesagt, benötigen Sie zum Kalibrieren einer gescannten Karte unbedingt die geographischen Koordinaten irgendeines Kartenpunktes. Besitzt die Karte ein geographisches Gitter, so ist es kein Problem. Im anderen Fall wird es schon etwas schwieriger. Aber vielleicht haben Sie in dem Gebiet bereits eine Wanderung mit dem GPS-Empfänger durchgeführt und kennen die

Koordinaten eines Punktes? Möglicherweise verfügen Sie auch über einen Routenplaner mit Koordinatenanzeige z.B. den Routenplaner von Falk? Obwohl die Routenplaner nicht die Auflösung einer üblichen Wanderkarte aufweisen, finden Sie bestimmt einen charakteristischen Punkt der auch auf der Wanderkarte zu sehen ist. Besonders geeignet sind Straßenkreuzungen. Notfalls muß eben mit relativen Wegpunkten gearbeitet werden. Im Prinzip verläuft alles wie im Kapitel 8.3.1 beschrieben. Zur Entnahme von Koordinaten aus einem Routenplaner, vorausgesetzt er zeigt die Koordinaten an, wird der Cursor auf den ausgewählten Punkt gesetzt und die meist unten angezeigten Werte abgelesen. Diese rechnen Sie am besten nach den Formeln im Kapitel 6.1 gleich in Dezimalgrad um. Im Beispiel der Bild 61 ergibt sich dann N= 52° 14' 28" = 52,241° und E= 14° 3' 58"= 14,066°.

Nach der Übersicht kann die Praxis beginnen, natürlich mit dem Scannen (Farbe, 200-300 dpi). Zur Kontrolle, daß sich die Abmessungen beim Scannen nicht veränderten, wird ein Maßstab mit gescannt. Bei größeren Abweichungen ist ein Skalierungsfaktor zu ermitteln. Speichern Sie danach die gescannte Karte in einem gängigen Bildformat.

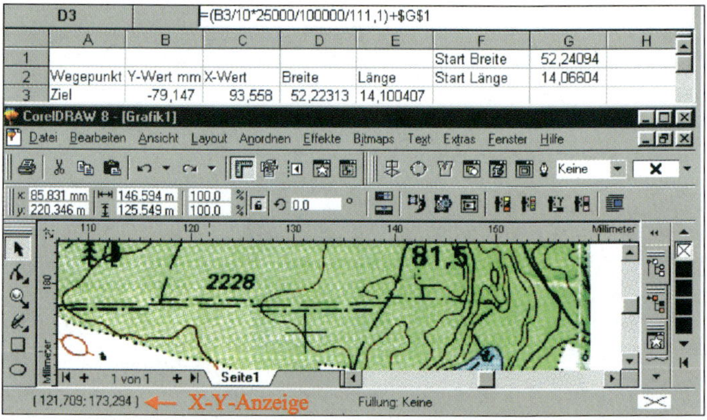

Bild 62 Der geteilte Bildschirm (CorelDRAW8 und MS-Works) erleichtert die Auswahl und Eingabe der Wegpunkte. Hier mit den geographischen Koordinaten.

Anschließend öffnen Sie ein Bildbearbeitungsprogramm und laden die gescannte Karte. Die Entnahme der Wegpunkte wird erleichtert, wenn der Nullpunkt der Cursoranzeige auf den Kalibrierungspunkt gelegt wird. Die Möglichkeit der Nullpunktverschiebung finden Sie in CAD-Programmen meist im Menü »KOORDINATENSYSTEM« unter »RELATIVEN URSPRUNG VERSCHIEBEN«. Bei Zeichenprogrammen z.B. Corel Draw läßt sich der im Schnittpunkt der beiden Lineale befindliche Nullpunkt (Bild 62) einfach mit der Maus anklicken und auf den gewünschten Punkt ziehen. Anschließend steuern Sie mit dem Cursor die einzelnen Wegpunkte an, lesen die X- und Y-Werte ab und tragen diese in die Liste ein. Nach der Berechnung der geographischen Koordinaten werden sie als Wegpunkte in den GPS-Empfänger eingegeben.

Hinweis

Arbeitserleichterung durch geteilten Bildschirm

Durch die Verwendung eines geteilten Bildschirmes (Zeichenprogramm mit gescannter Karte und Tabellenkalkulationsprogramm mit vorbereiteter Tabelle) lassen sich die Cursorwerte gleich in die Tabelle eintragen (Bild 62).

Algorithmus

Aufstellung einer Wegpunktliste aus einer gescannten Karte mit geographischen Koordinaten.

1. Ermitteln Sie vor dem Scannen für einen Kalibrierungspunkt auf der Karte die geographischen Koordinaten mit dem Planzeiger oder einem Routenplaner.
2. Falls die Koordinaten nicht in Dezimalgrad vorliegen sind sie umzurechnen.
3. Tabellenkalkulationsprogramme, z.B. MS Excel oder MS Works, öffnen und eine Liste für die Wegepunkte vorbereiten.
4. Karte mit einem eingelegten Meßstreifen (Millimeterpapier) scannen (Farbe, 300dpi).
5. Nach dem Scannen die Karte als Bild im WMF-, BMP-, TIF-, Format abspeichern. (richtet sich nach dem Zeichen- bzw. Cad-Programm).
6. Das Zeichen- oder Cad-Programm starten und danach das Bild laden. Bei den Linealen die mm auswählen und den Nullpunkt der Lineale (Linealschnittpunkt, relativen Ursprung) auf den Startpunkt legen.
7. Die Scanfaktoren aus der Länge des Maßstabes vor dem Scannen, dividiert durch die mit dem Cursor gemessene Länge nach dem Scannen für die X- und Y-Richtung berechnen.
8. Das Tabellenprogramm laden und den Bildschirm teilen.
9. Den Cursor auf den Wegpunkt setzen, die X- und Y-Werte ablesen und in die Liste eintragen.
10. Die berechnete Breite und Länge der Wegpunkte als Dezimalgrad in den GPS-Empfänger eingeben. Besitzt der GPS-Empfänger keine Eingabe für den Dezimalgrad ist eine Transformation in Grad:Dezimalminute bzw. Grad:Minute:Sekunde vorzunehmen.

Beispiel

Berechnung der Koordinaten eines Wegpunktes mittels der Cursoranzeige (Bild 61 und 62)

Startpunkt: Für den Kalibrierungspunkt zeigte der Falk Routenplaner N = 52° 14' 28" und E = 14° 03' 58" an, nach der Umrechnung in Dezimalgrad Breite: N52,241111° Länge: E 14,066111°

Wegpunkt: Cursoranzeige am Wegpunkt

Y-Achse: –79,147 X-Achse 93,558

Scanfaktor: Vor dem Scannen betrug die Länge des Meßstreifens genau 50 mm. Nach scannen mit dem Cursor gemessen:

Y-Achse: 49,9 Scanfaktor = 50/49,9 = 1,002

X-Achse: 49,11 Scanfaktor = 50/49,11 = 1,018

Breitenberechnung *(Kartenmaßstab 1:25000)*

Umrechnung des Y-Wertes auf cm –79,147/10 · 1,002 = – 7,9305

Umrechnung des Y-Wertes in Dezimalgrad

= –7,9305 · 25 000/100 000/111,1 = –0,017845

Umrechnung auf die Koordinaten am Wegpunkt:

52,241111 – 0,017845 = N52,223266

Längenberechnung *(Kartenmaßstab 1:25 000)*

Umrechnung des X-Wertes auf cm 93,558/10 · 1,018 = 9,5242

Umrechnung des X-Wertes in Dezimalgrad

= 9,5242 · 25 000/100 000/111,1/cos(52,22) = 0,034985

Umrechnung auf die Koordinaten am Wegpunkt:

14,066111+ 0,034985 = 14,1010964

Erstellen einer Wegpunktliste aus einer Karte mit einem UTM-Gitter

Im Gegensatz zu dem geographischen Gitter, bei dem sich der Nullpunkt des Cursors auf einen charakteristischen Punkt bezog, gelten nun die Kreuzungspunkte der Gitterlinien als Nullpunkt für den Cursor. Da das UTM-Gitter auf Streckenmessungen beruht, brauchen Sie die mit dem Cursor gemessenen X- und Y-Werte nur zu den Ausgangswerten addieren. Nur der Maßstab ist noch zu berücksichtigen. Dabei ist es gleich, ob es sich um ein 1 000 m oder um ein 2 000 m Gitterquadrat handelt. Eine darüber hinausgehende Umrechnung erübrigt sich. Achten Sie auf die Lage der Gitterlinien, verlaufen diese schräg zum Kartenrand, ist die gescannte Karte mit Hilfe eines Zeichenprogramms geringfügig zu drehen.

Vorbereitete Liste zur Eintragung und Umrechnung der Cursorwerte (UTM-Gitter)

	A	B	C	D	E	F	G
1						Start Nordwert	...
2	Wegpunkt	Y-Wert	X-Wert	Nordwert	Ostwert	Start Ostwerte	...
3	....	....	....	....	....		
4							

• In die Spalten B und C (ab B3 bzw.C3) werden die angezeigten metrischen Cursorwerte eingetragen.
• In D3 ist die Formel zur Berechnung der Nordwerte einzugeben:
Abgelesener Y-Wert (mm)/10 · Maßstab/100 · Scanfaktor Y+ Ausgangswert (Nordwert)

(B3/10*25 000/100)+$G$1.

• In E3 ist die Formel zur Berechnung der Ostwerte einzugeben:
Abgelesener X-Wert (mm) /10 · Maßstab/100 · Scannfaktor X + Ausgangswert (Ostwert)

(C3/10*25 000/100)+$G$2.

• Unter G werden die Kalibrierungskoordinaten in Meter eingetragen.

Dabei ist /10 die Umrechnung von mm in cm, 25 000 ein angenommener Kartenmaßstab 1:25 000, 100 die Umrechnung in m.

Algorithmus

Aufstellung einer Wegpunktliste aus einer gescannten Karte mit UTM-Gitter

1. Tabellenkalkulationsprogramm (MS Excel oder MS Works) öffnen und eine Liste für die Wegepunke vorbereiten.
2. Karte mit einem eingelegten Meßstreifen (Millimeterpapier) scannen (Farbe, 200–300 dpi).
3. Nach dem Scannen die Karte als Bild im WMF-, BMP-, TIF- Format abspeichern (richtet sich nach dem Zeichen- bzw. Cad-Programm)
4. Das Zeichen- oder Cad-Programm starten und danach das Bild laden. Bei den Linealen die mm auswählen und den Nullpunkt der Lineale (Linealschnittpunkt, relativen Ursprung) auf einen Gitterkreuzungspunkt legen.
5. Die Scanfaktoren aus der Länge, des Maßstabes vor dem Scannen, dividiert durch die mit dem Cursor gemessene Länge, nach dem Scannen für die X-Y-Richtung berechnen.

6. Das Tabellenprogramm laden und den Bildschirm teilen.
7. Die Kalibrierungswerte der Nord- und Ostwerte auf m umrechnen z.B. Nordwert $^{58}26$ = 5 826 000m und Ostwert $^{33}76$ = 376 000 m.
8. Den Cursor auf den Wegpunkt setzen, die X- und Y-Werte ablesen und in die Liste eintragen.
9. Die berechneten Werte unter Beachtung des Zonenfeldes (siehe Hinweis im Kapitel 11.5) in den GPS-Empfänger eingeben.

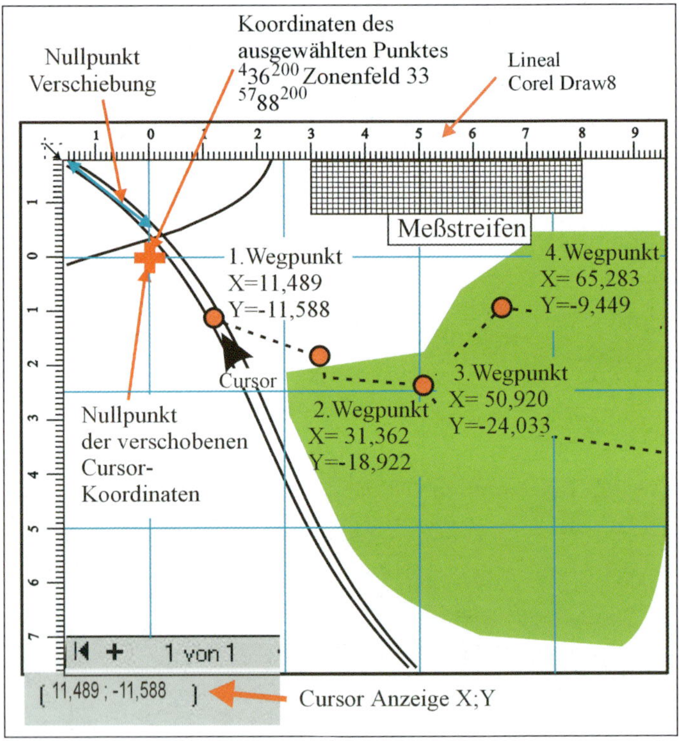

Bild 63 Wegpunktentnahme aus einer gescannten Karte mit UTM Gitter

Beispiel

Berechnung der UTM Koordinaten eines Wegpunktes mittels der Cursoranzeige (Bild 63)

Startpunkt: Aus der Karte wurden am Gitterkreuzpunkt für den Ostwert $^{4}36^{200}$ = 436 200 m und für den Nordwert $^{57}88^{200}$ = 5 788 200 m bestimmt.

Wegpunkt: Cursoranzeige am Wegpunkt

Y-Achse: –11,588 X-Achse 11,489

Scanfaktor: Vor dem Scannen betrug die Länge des Meßstreifens genau 50 mm. Nach dem Scannen mit dem Cursor gemessen:

Y-Achse: 49,9 Scanfaktor = 50/49,9 = 1,002

X-Achse: 49,11 Scanfaktor = 50/49,11 = 1,018

Nordwert (Kartenmaßstab 1:25 000)

Umrechnung des Y-Wertes auf cm 11,588/10 · 1,002 = 1,1611

Umrechnung des Y-Wertes auf Meter in der Natur

1,1611 · 25 000/100 = 290 m

Umrechnung auf die Koordinaten am Wegpunkt:

5 788 200–290 = 5 787 910

Ostwert (Kartenmaßstab 1:25 000)

Umrechnung des X-Wertes auf cm –11,489/10 · 1,018 = – 1,170

Umrechnung des X-Wertes auf Meter in der Natur

–1,170 · 25 000/100 = –293 m

Umrechnung auf die Koordinaten am Wegpunkt:

436 200 + 293 = 436 493

Wegpunkteingabe

Garmin

33U	0436493
UTM	5787910

Magellan

5787910^{N}
33 436493^{E}

Ausgabe als gedruckte Wanderkarte

Weil die gescannte Karte in einem Bildbearbeitungsprogramm vorliegt, kann sie natürlich auch gedruckt werden. Zweckmäßigerweise tragen Sie noch die Route, Wegpunkte und Piktogramme ein.

12.1.3 Wegpunkte und Routen aus dem Internet

Oft finden sich im Internet GPS Angaben über absolvierte Routen z.B. http://www.gps-world.net/. In der Art eines Forums werden die praktischen Erfahrungen zu den Routen ausgetauscht. Die gängigen GPS-Empfänger gestatten dann eine direkte Übernahme der Wegpunkte. Überschreitet die Wegpunktezahl einer vorgeschlagenen Route die zulässige Anzahl, so ist eine Reduzierung vorzunehmen bzw. ist die Route in mehrere Teilrouten aufzugliedern.

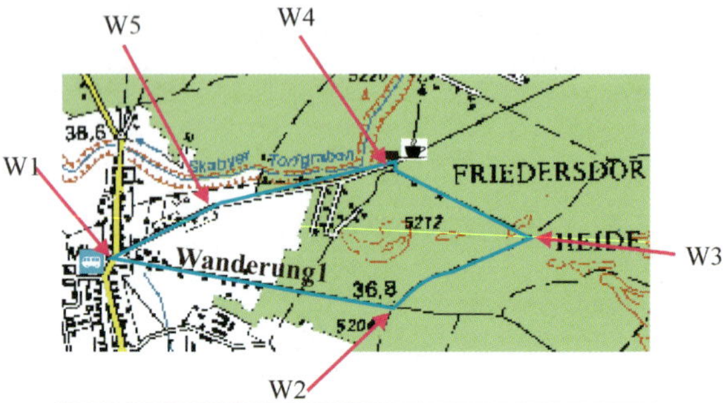

Wegepunkt	Breite	Länge	Entfernung
W1	N52,29936	O13,79052	
W2	N52,29699	O13,81030	1,37
W3	N52,30321	O13,82661	1,31
W4	N52,30558	O13,81893	0,59
W5	N52,30167	O13,79788	1,50
W1	N52,29936	O13,79052	0,56
Total			5,33

Bild 64 Darstellung einer Wanderroute auf einer gescannten Karte

12.2 Einfacher geht es nicht – die automatische Wegpunkteingabe und Routenerstellung

12.2.1 Übersicht

Der gekoppelte PC-GPS-Empfänger-Betrieb (Online-Betrieb) benötigt einen GPS-Empfänger mit einer seriellen Schnittstelle (trifft für die gängigsten Typen zu) und einen PC mit einer freien seriellen Schnittstelle. Außerdem benötigen Sie ein spezielles Kabel, das sogenannte Interface Kabel und eine entsprechende Software.

12.2.2 Die Verbindung zwischen dem GPS-Empfänger und dem Computer (PC oder Laptop)

Interface-Kabel

Die Kommunikation zwischen dem GPS-Empfänger und dem Computer übernimmt das Interface Kabel. Das Kabel wird an einem freien 9-poligen seriellen Anschluß des Computers und der GPS-Buchse angeschlossen. Vorher ist noch der PC auszuschalten und der Netzstecker zu ziehen. Beabsichtigen Sie zu Hause etwas zu experimentieren z.B. vom Balkon, empfiehlt sich die Anschaffung eines in den Fachgeschäften erhältlichen Verlängerungskabels.

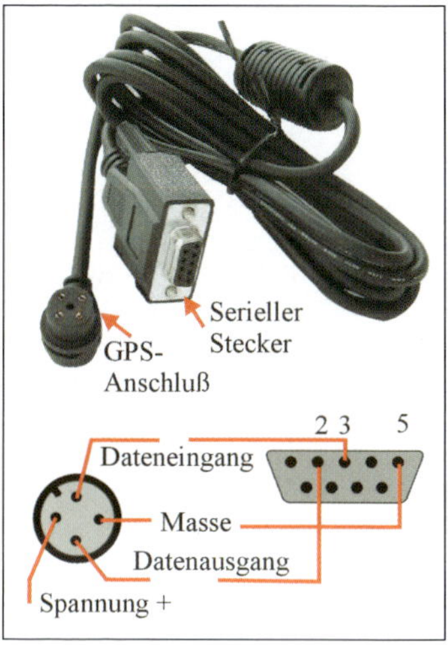

Bild 65 Interface Kabel

Die Interface Kabel sind vom Hersteller des GPS-Empfängers oder von Händlern z.B. GPS Shop http://www.gps-shop.com zu beziehen. Bei Magellan mit Zigarettenanzünder-Adapter erhältlich.

Das Problem eines Kabel-Eigenbaus liegt in der Beschaffung der meist nicht handelsüblichen GPS Gerätestecker. Die für den Anschluß am PC erforderliche DB9-Buchse ist jedoch überall erhältlich. Im Internet werden von Dr. Trautenberg einzelne Stecker mit Bauanleitung angeboten http://www.trautenberg.net. Einen Überblick erhalten Sie im Online-Shop von GPSKabel unter http://www.gpskabel.de/shop/index.htm

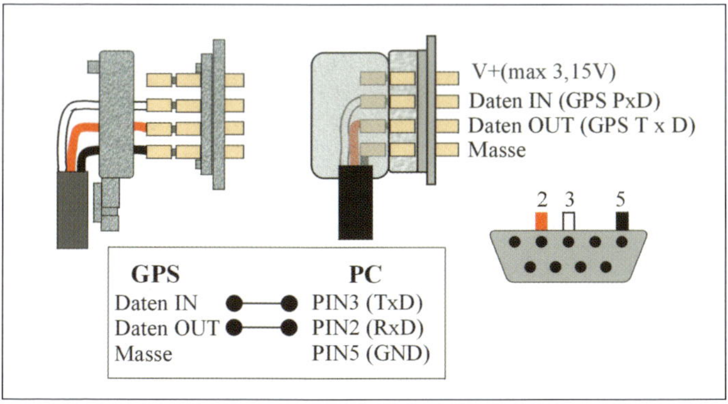

Bild 66 Interfaceanschluß für die Geräte der eTrex Serie

Auch für die Garmin Serie der eTrex Empfänger benötigen Sie ein Interfacekabel mit einem nicht handelsüblichen Flachstecker. Diese sind vom Hersteller oder Fachhandel zu beziehen. Auch Magellan verwendet einen speziellen Stecker, der einen Selbstbau von Kabeln sehr erschwert. http://www.matuschek.net/gps/MeridianDataCable.de.html

Der PC-Anschluß

Zuerst wäre zu prüfen, welcher COM-Anschluß am PC noch frei ist. Oft belegt das Modem einen Anschluß. Zur Kontrolle wird im Windows die Systemsteuerung geöffnet. Diese finden Sie unter: »START« → »EINSTELLUNG« → »SYSTEMSTEUERUNG«. Danach wird der Modemanschluß unter »MODEMS« → »DIAGNOSE« gesucht. Ist das Modem an COM1 angeschlossen, ist der GPS-Empfänger für COM2 vorzusehen (bzw. umgekehrt). Zurück zur Systemsteuerung, wählen Sie »SYSTEM/Hardware«, klicken auf »GERÄTE-MANAGER« und »ANSCHLÜSSE«, gehen zu dem freien COM-Anschluß und geben unter »ANSCHLUSSEINSTELLUNGEN« die NMEA-Protokollwerte ein.

Schnittstellen (Interface) Einstellung am GPS-Empfänger

Der Datentransfer zwischen dem GPS-Empfänger und dem PC erfolgt mit dem sogenannten NMEA-Protokoll. Die übertragenen Daten werden dabei in Form von ASCII Zeichen übertragen und sind deshalb lesbar, vorausgesetzt der GPS-Empfänger ist entsprechend eingestellt. Aktuell ist die Version 0183 v2.0.

Das NMEA-Protokoll

NMEA ist ein Standardprotokoll für das Interface verschiedener Meß-, Prüf- und Datengeräte die mit der seriellen Schnittstelle (RS232) arbeiten. Festgelegte Einstellungen für die Schnittstelle sind ab der Protokollversion 1.5 2.00:

Das NMEA-Protokoll

Bit pro Sekunde:	4800 (9600)
Datenbits:	8
Parität:	Keine
Stoppbit:	1 (2)
Protokoll:	Kein

Neben dem standardisierten NMEA benutzen die Hersteller noch ein gerätespezifisches Protokoll. Beide lassen sich am GPS-Empfänger einstellen. In Verbindung mit entsprechender Software dient das NEMA zur Übertragung der aktuellen Position und Satellitenstellung. Mit den nicht so ohne weiteres lesbaren, gerätespezifischen Protokollen findet die Übertragung der Wegpunkte, Tracks und Routen statt. Dadurch besteht bei einigen Programmen die Notwendigkeit, zwischen den beiden Schnittstelleneinstellungen NEMA und gerätespezifisch z.B. GRMN/GRMN hin und her zu schalten.

Sie finden die Interface Einstellung im Setup Menü des GPS-Empfängers z.B. bei dem GPS 12: »SETUP MENU« → »ENTER« → »INTERFACE« → »ENTER«.

Interface Einstellung bei Garmin

Interface	Funktion
NMEA/NMEA	NMEA-Daten lassen sich empfangen und senden.
NONE/NEMA	NMEA-Daten lassen sich nur senden.
GRMN/GRMN	Garmin-Daten lassen sich senden und empfangen.
NONE/NONE	Es lassen sich keine Daten senden oder empfangen.
RTCM/NONE	Daten von einem Funkbakenempfänger (siehe DGPS) sind zu empfangen.
RTCM/NMEA	Daten von einem Funkbakenempfänger werden empfangen und im NMEA-Format ausgegeben.

Wurde NMEA/NMEA gewählt, ist noch die Version 0183 2.0 und die Baudrate 4800 und das Format auf Grd/min einzustellen.

Bei der gerätespezifischen Einstellung (z.B. Garmin/Garmin) ist die wichtigste Einstellung »HOST«. Diese läßt sich im Interface Menü im zweiten Auswahlfeld ansteuern. Damit kann der GPS-Empfänger Daten vom PC sowohl empfangen als auch zu ihm senden. Allerdings existieren für das Senden und Empfangen keine eindeutigen Festlegungen. Oft wird von Upload gesprochen, wenn Daten zum GPS-Empfänger übertragen und von Download wenn Daten empfangen werden. Auch die umgekehrte Interpretation findet sich. Weiterhin ist ein Transfer von Wegpunkten (WPT), Tracks (KRS) und Routen (Routen) zum PC (SEND) bzw. vom PC (HOL) möglich.

Anschlußkontrolle mit dem Hyper Terminal

Das NMEA eignet sich zur schnellen Überprüfung der richtigen Einstellung und Kontrolle der exakten Verbindung zwischen dem GPS-Empfänger und dem PC. Gelesen werden die NMEA Daten mit dem im Windows integrierten Terminalprogramm »Hyper Terminal«.

Zum Ansehen der NMEA Daten betreiben Sie den GPS-Empfänger im Simulator Modus und stellen die Interfacefunktion auf NMEA/NMEA. Am PC erfolgt der Start des Hyper Terminals durch Klicken auf »START« in der Startleiste und dann auf »PROGRAMME« → »ZUBEHÖR« → »KOMMUNIKATION« → »HYPER TERMINAL« oder C:\Programme\Zubehör\Hyper Terminal \Hypertrm.exe.

Ist es dort nicht zu finden, müssen Sie es nachträglich installieren. Dazu die Windows CD einlegen, auf »START« in der Startleiste klicken und weiter auf »EINSTELLUNG« → »SYSTEMSTEUERUNG« → »SOFTWARE« → »WINDOWS SETUP« → »VERBINDUNGEN«, danach »HYPERTERMINAL« mit einem Hacken markieren.

Nach der Installation läßt sich das Hyper Terminal öffnen.

- Dann unter »Name eingeben« einfach GPS eingeben, beliebiges Symbol wählen.
- Menü »Verbinden mit« öffnet sich. Hier nur auf »Verbinden über« klicken und scrollen bis zum Eintrag »Direktverbindung über Com1« (oder Com2 usw.) und mit »OK« bestätigen.
- Menü »Eigenschaften von COM1« (oder andere) öffnet sich. Dann die Einstellung nach NMEA mit 9600 Baud vornehmen:
- Menü »Hyper Terminal« öffnet sich. Wenn alles richtig eingestellt ist, werden sofort die NMEA Daten angezeigt. Nachdem Sie eine Weile die Daten beobachtet haben, im Menü »Übertragung« → »Text aufzeichnen« und zum Beenden erneut »Text aufzeichnen« wählen. »Trennen« beendet die gesamte Übertragung. Zum Schluß mit »Datei« und »Beenden« das Hyper Terminal schließen. Damit steht Verbindung zwischen dem PC und GPS-Empfänger.

<u>Frage:</u> Ich erhalte die Fehlermeldung »COM.... konnte nicht geöffnet werden« wie kann ich mir helfen?
Wahrscheinlich ist die Schnittstelle durch eine andere Anwendung belegt. Zuerst sind alle weiteren Programme zu beenden. Dann schließen Sie die unten rechts auf der Startleiste angezeigten und möglicherweise in Funktion befindlichen Programme wie FAX, Internet usw.
<u>Frage:</u> Das Hyper Terminal zeigt keine Werte an.
Überprüfen Sie, ob das Interface im GPS-Empfänger genau so wie die COM Schnittstelle eingestellt ist und NMEA/NEMA gewählt wurde. Das Übertragungskabel auf richtigen Anschluß und einen möglichen Defekt überprüfen.
<u>Frage:</u> Das Terminal zeigt nur unverständliche Zeichen an.
Vermutlich sendet der GPS-Empfänger kein NMEA-Protokoll, sondern ein anderes z.B. Garmin aus.

Auswertung der NMEA-Daten

Möglicherweise wollen Sie die mit dem Hyper Terminal in eine Datei gespeicherten NMEA-Daten auch auswerten. Kein Problem, dazu eignet sich NMEATool. Dieses arbeitet mit der Schnittstelle NMEA/NMEA und 4800 Bit/s. Damit lassen sich die Daten vom GPS-Empfänger holen, auswerten und speichern. Etwas problematisch ist der Datenexport zum GPS-Empfänger, der nicht bei allen Modellen funktioniert. Das Programm ist Freeware und läßt sich kostenlos vom Internet unter http://www.nmea2000.de herunterladen.

12.3 Ohne großem Aufwand wird aus Ihrem GPS-Empfänger ein mobiles Navigationssystem für das Auto

Besitzen Sie einen Laptop, so läßt sich ohne großen Aufwand daraus ein mobiles Navigationssystem für Ihr Auto aufbauen. Benötigt wird neben dem Laptop, GPS-Empfänger und Interfacekabel noch eine spezielle Software, vorzugsweise Routenplaner mit einer GPS-Schnittstelle. Die Darstellung der aktuellen Position erfolgt nicht mehr auf dem Display des GPS-Empfängers, sondern mit Hilfe der Routenplaner auf dem Laptop.

Zur Unterbringung des Laptops im Auto bietet sich das Armaturenbrett oder der Beifahrersitz an. Wobei ein Blick zur Seite immer kritisch ist. Die Stromversorgung des GPS-Empfängers erfolgt entweder über den am Zigarettenanzünder angeschlossenen Laptop oder über einen Doppelstecker. Möglicherweise wäre auch ein Batteriebetrieb des GPS-Empfängers in Betracht zu ziehen.

Obwohl die Kombination GPS-Empfänger mit dem Laptop erstaunliches leistet, wird sie allerdings nicht ganz die Leistungsfähigkeit eines im Auto integrierten Navigationssystems erreichen. So kann der GPS-Empfangs in engen Straßen, Tunnels usw. eingeschränkt sein oder ganz ausfallen. Gleiches git für die Kombination Palm/GPS-Empfänger.

12.4 Ein mobiles Navigationssystem auch für den Wanderer und Biker

Mit einem PDA (Palm und Pocket) sind Sie in der Lage sich mit einem einfachen GPS-Empfänger ein mobiles Navigationssystem zu schaffen, welches jeden hochwertigen GPS-Empfänger mit integriertem Kartensystem übertrifft und beinah die Qualität eines im Auto integrierten Navigationssystems erreicht. Der Vorteil liegt in der handlichen Größe. Selbst ein Wanderer kann sie tragen. Der Nachteil ist der kleine Bildschirm, der nur ein eingeschränktes Umfeld zeigt. Lassen Sie sich bei einer Fahrradtour oder Wanderung ständig Ihren Standort auf der gescannten Wanderkarte anzeigen. Lassen Sie sich in einer fremden Stadt automatisch von Straße zu Straße bis zum Ziel führen.

Zum Betrieb selbst benötigen Sie ein Verbindungskabel, den GPS-Empfänger, eventuell gleich mit Anschluß an den Zigarettenanzünder, die Software und eine Halterung. Als Verbindungskabel eignet sich ein Kabel zum direkten Anschluß des GPS-Empfängers an den Palm http://www.gpskabel.de/shop/palm.htm und http://www.gps-shop.com/. Falls Sie ein Interface-Kabel (GPS-Empfänger → PC) besitzen, brauchen Sie eigentlich nur ein Null-Modemkabel mit gekreuzten Verbindungen http://www.conrad.com/. Zu überlegen wäre auch ein Selbstbau nach Bild 67 oder nach dem Internetangebot http://www.palmgps.de/.

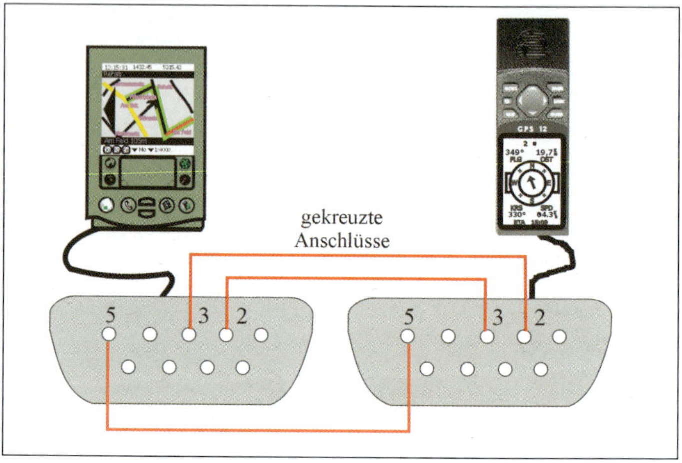

Bild 67 Verbindung zwischen Palm und GPS-Empfänger

Bei Nutzung der Kombination GPS-Empfänger und Handheld sollte die Frage der Halterung nicht unterschätzt werden. Passende Halterungen für Fahrräder, Motorräder und Autos bietet der GPS-Shop im Internet http://www.gps-shop.com und GPS-Mobil unter http://www.gps-mobil.de an. Die Anbringung erfolgt durch Anschrauben oder Kleben. Üblich sind auch Rohrhalter, Kipphalter, Klettverschlüsse oder Saugnäpfe. Allerdings können sich bei längerer Sonneneinwirkung die Saugnäpfe lösen.

Kontrolle der exakten Verbindung zwischen Palm und GPS-Empfänger

Die Kontrolle der richtigen Verbindung zwischen dem Palm und dem GPS-Empfänger erfolgt wie beim PC durch Senden und Anzeigen der NEMA Daten. Laden Sie dazu die Freeware ACCESSIT aus dem Internet http://rover.vistecprivat.de/~hirschgps/palm.htm und folgen dem Algorithmus.

Algorithmus

Zeigen der NEMA Daten auf dem Palm

1. Speichern Sie das Access.zip aus dem Internet unter Palm → »Add-on« auf dem PC und extrahieren das Programm mit einem ZIP-Programm in den gleichen Ordner.
2. Starten Sie das Programm »PalmDestkop« und wählen dort das »Install« Tool aus. Nach Drücken des Buttons »Hinzufügen« markieren Sie »Accessit.prc« und klicken auf »Fertig«. Der nächste HotSync-Vorgang installiert das Programm auf dem Palm.

3. Verbinden Sie den PC mit dem Palm und lösen einen Hot-Sync-Vorgang aus.
4. Jetzt schließen Sie den GPS-Empfänger an und verbinden diesen über ein gekreuztes Nullmodemkabel. Am GPS-Empfänger stellen Sie im »SETUP MENU« den Interface-Anschluß »INTERERFACE« auf NMEA/NEMA 0183 2.0 und 9600 Baud.
5. Öffnen Sie auf dem Palm das Programm »Accessit!« und tippen mit dem Stift auf den Menübutton »Anwendungen« dann auf »Preference«. Dort setzen Sie Speed = 9600, Bit = 8 Bits, Stop = 1 Bits, Parity = No, Flow = Both und schließen mit OK.
6. Auf der Programmseite wird »OnLine« geöffnet. Jetzt sollten sich NMEA Daten zeigen. Stoppen Sie mit »Offline«. Die Daten können nun gelöscht oder gespeichert werden.

Werden die Daten richtig dargestellt, können Sie sich die entkodierten GPS-Daten auf dem NMEA-Monitor von Christian Claveleira anzeigen lassen. Das Programm ist recht nützlich, falls Sie bei einem aktivierten Routenprogramm zwischenzeitlich zu den GPS-Daten schalten wollen. Nachteilig sind die englischen Maßeinheiten. Die Freeware NMEA Mon laden Sie aus dem Internet unter http://www.cru.fr/perso/cc/nmea_mon/.

13 Software

13.1 Übersicht

Für die Arbeit mit dem GPS-Empfänger steht eine Vielzahl von Software bereit, sie betrifft sowohl den gekoppelten (Online) als auch den ungekoppelten Betrieb (Offline), ebenso existieren spezielle Programme für die PCs und Handheld PCs. Es gibt einfache Programme wie elektronische Karten oder Routenplaner, aus denen zwar die Koordinaten von ausgewählten Wegpunkten angezeigt werden, die Eingabe in den GPS-Empfänger aber per Hand erfolgt. Andere Programme gestatten den Datentransfer zwischen dem Empfänger und dem PC, gleichzeitig übernehmen sie die Verwaltung von Wegpunkten, Routen und Tracks. Schließlich befinden sich auf dem Markt noch Programme die eine mobile Navigation erlauben.

13.2 Umfassender und billiger als die topographischen Karten auf Papier – die Top50 Serie der Landesvermessungsämter

Die Karten der Top50 Serie auf CD-ROM sind identisch mit den topographischen TK 1:50 000 Karten der Landesvermessungsämter und decken jeweils ein Bundesland ab. An Stelle der 88 Einzelkarten z.B. für Brandenburg/Berlin benötigen Sie nur noch eine CD, was natürlich wesentlich kostengünstiger ist. Stellen Sie sich auf dem Bildschirm eine Wanderung zusammen, messen Sie noch schnell die Entfernung, lassen sich das Höhenprofil anzeigen und den Kartenabschnitt ausdrucken.

Bild 68 Entfernungsmessung mit der Top50

Die Top50 bietet für das Arbeiten mit den Papierkarten u.a. folgende für den Wanderer oder sonstigen Nutzer interessanten Funktionen: Ständige Koordinatenanzeige unter dem Cursor, Einstellung verschiedener Koordinatensysteme und Koordinatengitter, automatisches Positionieren der Karte über einen gesuchten Orts- oder Objektnamen bzw. Koordinaten, blattschnittfreies Scrollen, Anzeigen von Höhendaten (nur bei Version 3), Vergrößern und Verkleinern des Kartenausschnittes durch die Funktion Zoom, wahlweise verbunden mit einem Kartenwechsel, Eintragen von Graphiken und Texten in zusätzlichen Ebenen (Overlays), Messen von Entfernungen und Flächen, Anbindung eines GPS-Empfängers.

In der Version 3.0 stehen auch 3D-Funktionen, wie die plastische Darstellung des Geländes, mit und ohne Kartenbezug, als Höhenrelief oder Schummerung zur Verfügung. Eine beigelegte Rot-Grün-Brille erweckt eine dreidimensionale Ansicht.

Spezielle Ortsdatenbanken mit allen amtlich bekannten Gemeinde- und Gemeindeteilnamen des jeweiligen Bundeslandes sowie eine allgemeine Ortsdatenbank für die Bundesrepublik Deutschland hilft einen bestimmten Ort schnell zu finden.

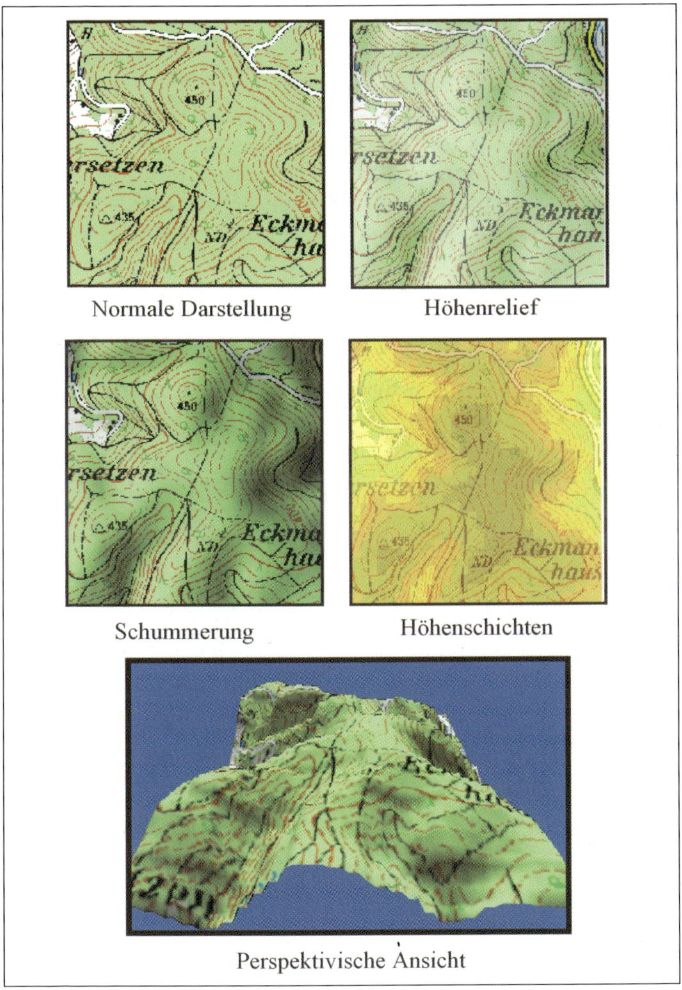

Bild 69 Verschiedene Möglichkeiten der Höhendarstellung mit der Top50

Der Menübefehl »Geländeschnitt« dient zur Anfertigung eines Höhenprofils über eine vorgesehene Wanderung.

Zur Höhendarstellung stehen weitere Funktionen zur Verfügung. Die Funktion »Farbig abgestufte Höhenschichten« gestattet die Darstellung farbig abgestufter Höhenschichten in einem ausgewählten Bereich. Eine Farbskala ordnet den Höhenschichten einzelnen Farben zu.

Praktisch ist bei der Version 3 der Befehl »Cursorkoordinaten in Datei speichern«. Damit können Sie Koordinaten per Mausklick aus der Karte übernehmen und in einer Datei speichern. Die Datei kann nach Beenden des Programms oder Öffnen einer neuen Datei zum Abspeichern von Koordinaten, mit einem Texteditor gelesen und bearbeitet werden. Im Prinzip läßt sich die Datei auch als Wegpunkttabelle verwenden, wobei eine Überspielung zum GPS-Empfänger nicht gegeben ist.

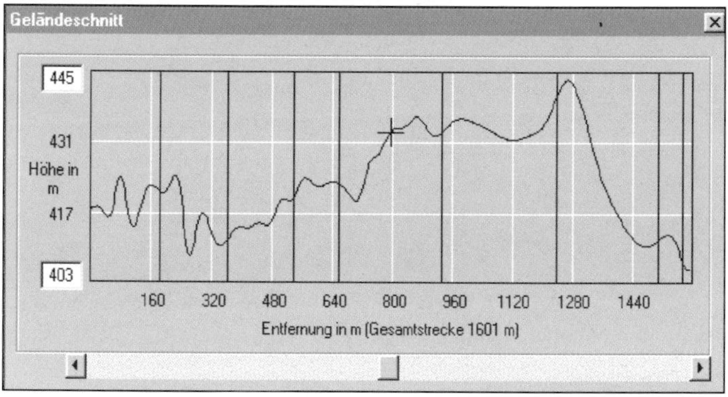

Bild 70 Geländeschnitt bei der Top50

Auch ein mobiler Online-Betrieb in Verbindung mit einem Laptop wird gewährleistet. Während der Fahrt wird Ihre Position auf der Karte, die Anzahl der empfangenen Satelliten, die momentane Geschwindigkeit und die Richtung angezeigt. Leider wird die Geschwindigkeit nicht immer richtig angezeigt, ebenso die Zusatzdaten. Die Probleme wurden erst mit der Version 3 teilweise behoben. Die Version 4 erlaubt die Simulation eines virtuellen Fluges über das ausgesuchte Gebiet, wobei die Flughöhe und Geschwindigkeit frei wählbar ist. Eine Speicherung als »TrackLog File« ist möglich.

Vertreiber der Top50 CD-Rom sind die Landesvermessungsämter, ihre Anschriften finden Sie im Internet unter:

http://www.adv-online.de/mitglider/listelva.htm bzw. http://www.lverma.nrw.de/produkte/framePRODUKTE.htm

Freizeit-CD-ROM der Landesvermessungsämter

Einige Landesvermessungsämter wie z.B. das Landesvermessungsamt Baden Würdenberg geben spezielle Freizeit-CD-ROMs für das Wandern und Radwandern heraus. Sie entsprechen weitestgehend der Top50 CD ROM v.3, besitzen aber einige zusätzliche Funktionen, wie Anzeige (teilweise mit Fotos) von Ausflugszielen, Aussichtstürmen, Höhlen, Museen, Wander- u. Radwegen. Suchmöglichkeiten nach verschiedenen Kriterien z.B. Öffnungszeiten.

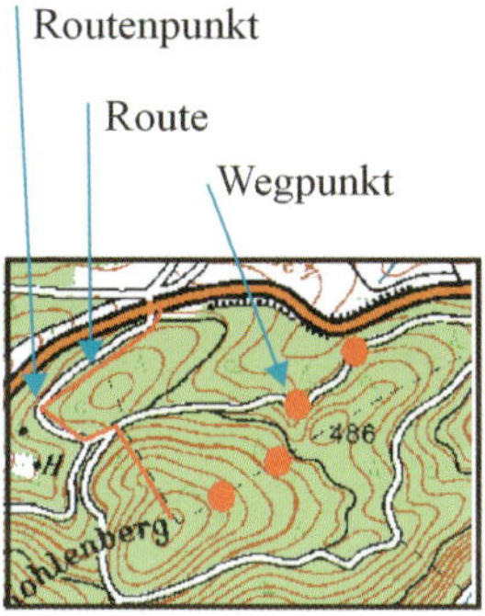

Routen- und Wegpunkt-
markierung auf der TOP50 v3.

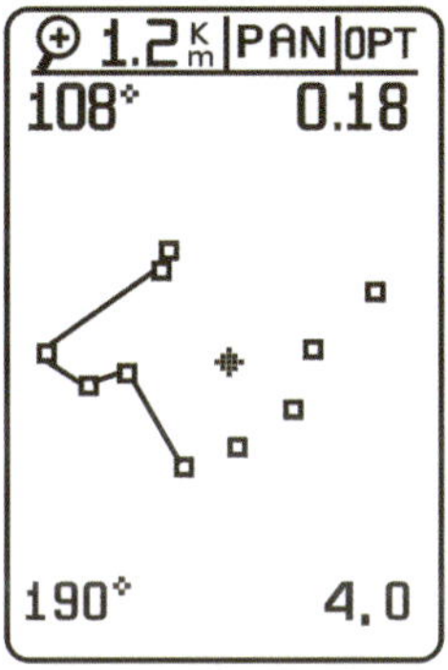

Routen- und Wegpunkt-
darstellung nach der Über-
spielung auf den GPS.

Bild 71 Überspielung einer Route mit dem Hilfsprogramm GPStrans vom PC zum GPS-Empfänger

GPSTrans bewerkstelligt den Transfer von Wegpunkten, Routen und Tracks zwischen der TOP50 Karte und dem GPS-Empfänger

Seit dem Ausgabejahr 2001 befindet sich im Verzeichnis der CD-ROM das Programm GPSTrans. Es läßt sich ebenfalls aus dem Internet http://www.FUGAWI.de/ herunterladen und entpacken. GPSTrans bewerkstelligt den Transfer von Wegpunkten, Routen und Tracks zwischen dem PC und GARMIN GPS-Empfängern. Grundlage sind die im ASCII-Format gespeicherten Overlays-Dateien. Damit lassen sich die auf der Top50v3 gezeichneten Grafikelemente (Linien, Kreise, Dreiecke, Rechtecke) nach Speicherung auf der Festplatte zum GARMIN übertragen. Genauso einfach können Daten, die im GARMIN gespeichert sind, als ASCII-Overlaydatei auf der Festplatte gespeichert und auf der Top50v3 Karte dargestellt werden.

- Dreiecke, Kreise und Rechtecke werden als Wegpunkte übertragen und erhalten bei GARMIN automatisch die Bezeichnung »WP0000«, WP0001«, usw..
- Linienzüge werden als Routen in GARMIN Geräten gespeichert. Sie erhalten die Bezeichnung »Route 000«, »Route 001« usw.. Beim Richtungswechsel der Linie entstehen Routenpunkte mit den Bezeichnungen »RP0000«, »RP0001«.

• Polygone und sonstige Grafikelemente werden ignoriert und nicht übertragen.

Wird eine weitere Datei zum GPS-Empfänger gesendet, überschreibt das Programm sämtliche Wegpunkte mit gleichem Namen. Soll es verhindert werden, müssen Sie die im GPS-Empfänger gespeicherten Wegpunkte vorher umbenennen. Desgleichen lassen sich Wegpunkte vom GPS-Empfänger zur Top50v3 senden. Allerdings werden dann sämtliche im GPS-Empfänger gespeicherten Wegpunkte zur Top50v3 übertragen, was nicht immer zweckmäßig ist. Nach Aufrufen der Funktion »Daten von GPS herunterladen« speichert das Programm die Wegpunkte und Routen in eine Overlay Datei. Diese läßt sich von der Top50v3 mit dem Befehl »Datei« → »Overlay laden« öffnen. Auf der Karte erfolgt darauf die Darstellung der Routen als rote Linien und die der Wegpunkte als rote Kreise.

Algorithmus

Senden, Empfangen und Speichern von Wegpunkten und Routen mit dem Hilfsprogramm GPSTrans

1. Zur Erstellung einer Route wählen Sie nach Öffnen der Top50v3 das Grafikwerkzeug »Linie«. Nach der Definition der Linienstärke, Art und Farbe setzen Sie den Stift auf den ersten Wegpunkt und klicken mit der linken Maustaste. Jeder Klick setzt einen Wegpunkt. Ist im Menü »Einstellungen« unter »Fenstereinstellungen« die Statuszeile aktiviert, so wird die Entfernung der aktuellen Mausposition vom letzten Stützpunkt sowie der Winkel, bezogen auf die Nordrichtung, in der Statuszeile angezeigt. Berücksichtigen Sie, daß die Anzahl der zu speichernden Wegpunkte pro Route vom Typ des GPS-Empfänger abhängt. Beenden Sie die Route mit einem Klick der rechten Maustaste.
2. Zur Erstellung eines Wegpunktes benutzen Sie die Werkzeuge »Dreieck«, »Kreis« »Rechteck«. Jedes dieser Graphiksymbole erzeugt einen Wegpunkt.
3. Legen Sie die Route oder die Wegpunkte im Verzeichnis »Datei« → «Overlay speichern« als ASCII-Overlaydatei ab (was nicht immer funktioniert). Zur Kontrolle sollten Sie sich die abgelegte Datei in einem Textprogramm ansehen. Achtung! Bei jedem Speichervorgang werden sämtliche auf den Karten erstellten Routen und Wegpunkte gespeichert, eine Differenzierung ist nicht möglich.
4. Sie können das Programm schließen.
5. Öffnen Sie das Programm GPSTrans.
6. Verbinden Sie den GPS-Empfänger über das Interfacekabel mit dem PC (Kapitel 12.2.2) und stellen Sie den GPS-Empfänger im »SETUP MENU« → »INTERFACE« auf »GRMN/GRMN« und »HOST«. Dann geben Sie wie im

Kapitel 12.2.2 beschrieben für den COM-Anschluß am PC 9600 oder 4800 Baud ein.

7. Starten Sie jetzt das Programm GPSTrans. Tragen Sie bei »COM-Anschluß« die zutreffende serielle Schnittstelle ein, klicken Sie anschließend auf »Daten auf GPS überspielen« und wählen die gesuchte Datei aus. Bei der nächsten Frage nach der Routennummer ist eine auf dem GPS-Empfänger noch freie Nummer einzutippen. Befanden sich zwei Routen auf der Karte, fragt das Programm noch einmal nach der Nummer.

Mit dem Programm GarFile läßt sich der Transfer von Wegpunkten, Routen und Tracks zwischen der TOP50 Karte und dem GPS-Empfänger am besten bewerkstelligen

Ein ähnliches Programm wie das GPSTrans ist das GarFile von Christian Singer für Garmin GPS-Empfänger, welches sich ebenfalls kostenlos aus dem Internet unter http://www.icsinger.de/kostenls.htm laden läßt. In seinen Anwendungsmöglichkeiten geht es jedoch weit über das GPSTrans hinaus. Neben der Top50v3 besteht ein Anschluß an MapInfo.

Das Programm läuft im GPS-Empfänger unter der Interface-Einstellung GRMN/GRMN und an der PC Schnittstelle mit 9600 Baud. Im Navigations Menü des GPS-Empfängers sollte Grad:Minute:Sekunde und WGS 84 eingestellt sein.

Möchten Sie Routen oder Wegpunkte zum GPS-Empfänger senden, müssen diese zunächst wie bei dem GPSTrans als Linie (Routen) oder als Dreieck, Kreis oder Rechteck (Wegpunkte) auf der Top50v3 erstellt werden. Danach sind sie unter »Daten/Speichern« als Overlay-Datei zu speichern. Sie haben hier die Möglichkeit Overlays im Binär- oder ASCII Format zu speichern. Falls die Overlayinformationen später in einem Textverarbeitungsprogramm gelesen werden sollen, wählen Sie ASCII-Format, sonst das binär – Format.

Darüber hinaus lassen sich auch Tracks aus einem vorangegangen mobilen Onlinebetrieb mit der Top50v3 speichern.

Algorithmus

Senden, Empfangen und Speichern von Wegpunkten, Routen und Tracks mit dem Hilfsprogramm GarFile

A <u>Senden von Wegpunkten und Routen zum GPS-Empfänger</u>

1. Verbinden Sie den PC mit dem GPS-Empfänger über das Interfacekabel und öffnen Sie die Top50v3.
2. Starten Sie das GarFile und kontrollieren Sie dort unter »Geräte-Info« den exakten Anschluß.
3. Stellen Sie unter »Dateiart« den Charakter der Overlay Datei (binär oder ASCII) ein.

4. Klicken Sie auf »Wegpunkte senden« und öffnen die zutreffende Overlay Datei. Die Dialogbox »Wegpunkte in Routen laden auf Basis numerischer Schlüssel« öffnet sich. Hier ist es einerlei, welche Frage beantwortet wird.
5. Die Daten werden nun zum GPS-Empfänger geschickt, Wegpunkte erhalten die Anfangsbuchstaben WP und die Routen AA, AB, usw.

B <u>Anzeigen von Wegpunkten und Routen auf der Top50v3</u>

1. Führen Sie Punkt A1 bis A3 aus.
2. Wählen Sie die Objektart, mit »Linie« werden sämtliche Wegpunkte in einer Route vereinigt, mit »Punkt« werden die Wegpunkte einzeln dargestellt.
3. Klicken Sie auf »Wegpunkte Empfangen«. Nach Öffnen des Dialogfeldes ist der Dateiname und Pfad festzulegen und danach auf »Speichern« zu klicken.
4. In der sich öffnenden Dialogbox wird festgelegt, ob nur Wegpunkte aus Routen zu berücksichtigen sind.
5. Begeben Sie sich zu der Top50v3 und wählen aus dem Overlayverzeichnis die betreffende Datei. Das Laden kann wahlweise mit oder ohne Kartenbezug erfolgen. Beim Laden mit Kartenbezug wird der Kartenhintergrund und die Kartenpositionierung wie beim Abspeichern hergestellt. Beim Laden ohne Kartenbezug bleibt das aktuelle Kartenbild erhalten und das Overlay wird lagerichtig positioniert; dies kann dann auch außerhalb des sichtbaren Fensters sein.

Jeder im GPS-Empfänger erstellte, von dort mit dem GarFile zur Top50v3 überspielte Wegpunkt bekommt eine Information (Textbeschreibung) mit auf den Weg. Die erste Zeile enthält eine Schlüsselnummer, die die Abfolge der Positionspunkte und die Zuordnung zu Routen definiert, die zweite Zeile den Namen des Punktes (bei vielen Garmin-Geräten auf max. 6 Zeichen Länge begrenzt; nur aus Großbuchstaben oder Zahlen); die dritte Zeile enthält Anmerkungstext oder häufig auch einen Datums- und Zeit-Wert; die vierte Zeile kann eine »1« enthalten, die ggf. anzeigt, daß bei diesem Punkt ein neuer Aufzeichnungsabschnitt innerhalb einer Kursaufzeichnung beginnt (z.B. wenn der GPS-Empfänger zwischenzeitlich ausgeschaltet wurde).

Sie können sich die Information auf der Top50v3 nach Anklicken des Wegpunktes (Kreis, Rechteck, Dreieck) und Öffnen von »Objektdaten« anzeigen lassen. Es besteht die Möglichkeit, den Wegpunkten eine neue Bezeichnung zu geben und damit ein Überschreiben beim Speichern zu verhindern .

Allerdings steht diese Information bei einer direkten Erstellung der Wegpunkte auf der Top50v3 noch nicht zur Verfügung.

Zeilenbedeutung	Beispiel
Numerischer Schlüssel, fortlaufend (1–2. Ziffer Route, 3-4 lfd.Nummer)	0006 oder 0203
Wegpunkt Nummer (T = Track)	T0006, WP001 oder AB003
Datum und Uhrzeit (UTC-Zeit)	2001–08-18 06:11:29
Rotenbeginn (0=Fortsetzung der Route, 1=Beginn einer neuen Route)	0 oder 1

Sie müssen deshalb diese Wegpunkte erst in einer Overlay Datei speichern und dann zum GPS-Empfänger senden. Diese von dort wieder empfangen und erneut auf der Top50v3 darstellen. Hört sich etwas umständlich an, funktioniert aber.

Beabsichtigen Sie einen, auf der Top50v3 gespeicherten Track, zum GPS-Empfänger zu überspielen, verfahren Sie wie unter A beschrieben. Anstelle von »Wegpunkt senden » ist nun »Kurzaufz.-Punkte senden« zu wählen. Bei dem umgekehrten, wesentlich wichtigeren Vorgang, der Darstellung von gespeicherten Tracks auf der Top50v3, verfahren Sie analog B.

13.3 Routenplaner

Unter den Begriff >>Routenplaner<< werden Programme verstanden die eine Planung von Routen erlauben sei es eine Wanderroute oder eine Fahrt mit dem Auto. Darunter zählen:

- Einfache Routenplaner mit GPS-Anbindung, geeignet für einen Betrieb von GPS-Empfänger und Laptop (18-30€), wie >>Power-Route 2004<< und der >>Großer Reiseplaner<< von Marco Polo.
- Einfache Routenplaner mit GPS-Anbindung, geeignet für einen Betrieb von GPS-Empfänger und PDA (20-50€), wie die >>Powerroute für PocketPC<< und der >>Falk Routenplaner<<
- Einfache Routenplaner mit GPS-Anbindung, geeignet für einen Betrieb von GPS-Empfänger und PDA (20-50€), wie die >>Powerroute für PocketPC<< und der >>RouteNavigator Pocket PC<< .
- Hochwertige Routenplaner mit Kartendarstellungen auf einem PDA, bisweilen auch mit Sprachausgabe (100-300€) wie der >>MobileNavigator PDA<<, der >>TomTom Navigator<<, >>Digimap<< und das >>Travelbook for PDA<<.
- Komplexe Routenplaner mit einer GPS-Maus (350-800€).

Kompass GPS-Routenplaner

Jeder Kompass GPS-Routenplaner beinhaltet eine digitale Outdoor Karte auf CD, die sich bis zum Maßstab 1:10.000 zoomen und einfach ausdrucken läßt, dazu den aktuellen Guide >>KOMPASS kompakt<<, der touristische Attraktionen, Geheimtipps und aktuelle Reiseinformationen präsentiert – als PDF-Datei mit einfacher Such- und Druckfunktion. Laden Sie bei der Instalation gleich die Karte mit auf die Festplatte.

Mit wenigen Mausklicks erstellen Sie auf der digitalen Karte zu Hause am PC Ihre persönlichen Wander- oder Bikerouten. Diese hier als Tracks bezeichneten Routen übertragen Sie einfach auf einen GPS-Empfänger. Beachten Sie dabei, daß mit >>Upload<< die Route zum Empfänger übertragen und mit >>Download<< die absolvierte Tour (Track) von dem Empfänger geholt wird. Befinden sich die Routen außerhalb des Kartenbereichs, werden sie nicht geladen.

Von großem Interesse ist die Kompatibilität mit >>ttqv<< und >>FUGAWI<<. Mit beiden Programmen läßt sich die >>Outdoor Karte<< ohne eine Kalibrierung importieren. Während Sie mit FUGAWI die mit dem GPS-Routenplaner erstellten Route direkt laden können, lassen sich mit ttqv die Routenpunkte nur als Wegpunkte mit der Funktion >>(Fugawi text Import)WPs<< laden. Durch Ziehen der Wegpunkte in eine Routendatei läßt sich daraus schnell eine Route erstellen. Eine Übersicht der zur Verfügung stehenden Karten finden Sie unter http://www. kompass.at.

13.4 Einfache Programme

Das Programm »GARtrip«

Das Programm ist für einen Datenaustausch zwischen einem Garmin Gerät und dem PC und zur Datenverwaltung vorgesehen, was aber nicht allen Typen funktioniert. Ab der Version 200 lassen sich nun die Daten auch graphisch auf gescannten Karten darstellen. Allerdings ist die Benutzung der Karten etwas umständlich und bedarf einiger Gewöhnung. In der Genauigkeit erreicht es nicht die Programme FUGAWI und Touratech QV. Die Stärke des Programms liegt in der Datenverwaltung. Beachtenswert sind Darstellungen von Diagrammen mit der Geschwindigkeit der Tracks, die Konvertierung von Tracks in Routen und die Speicherung von Wegpunkt-Symbolen. Weitere Funktionen wie eine erweiterte Routenplanung mit Eingabe der Geschwindigkeit, Kurskorrektur für jeden Zweig und Berechnung der Dauer der Routen sind erwähnenswert. Mit der Funktion »Zeiten synchronisieren«, läßt sich die PC-Uhr fast Sekunden genau einstellen.

Für GARtrip existiert eine Shareware, die Sie im Internet unter http://www.gartrip.de/index_d.htm finden.

Das Programm »Backtrack«

Backtrack ist ein Programm, welches vorwiegend der Verwaltung von Wegpunkten, Routen und Tracks dient. Durch eine Garmin/Garmin Schnittstelle können die Daten zwischen dem GPS-Empfänger und dem PC hin und her transformiert werden. Nebst der Verwaltung der GPS Daten können diese auch in einer Karte dargestellt und ausgedruckt werden. In der Ausführung entspricht es etwa der alten Version von GARtrip. Eine etwas eingeschränkte Testversion läßt sich aus dem Internet unter http://www.softtoys.com herunterladen.

Ein hervorragendes Freewareprogramm >>Trackmaker<<

Mit diesem Programm können Sie Wegpunkte, Routen und Tracklogs anlegen, bearbeiten und löschen. Sie können diese zum GPS-Empfänger senden oder empfangen. Auch ein Laden von Teleatlas- oder BSB-Karten ist möglich ebenso von gescannten Karten im Bitmaps-, Jpegs- oder Gifs-Format. Mit etwas manuellem Aufwand ist auch eine Übernahme von Wegpunkten und Routen aus der Top50 möglich (home.wtal.de/noegs/top-gtm.htm).

Die Firma Odilon Ferreira Jr bietet zwei englischsprachige Versionen ihrer Online Software für GPS-Empfänger an, als Freeware das Programm >>GPS TrackMaker<< und das >>GTM Pro<< für 48$ (http://www.gpstm.com). Recht hilfreich, ist die Kurzanleitung von Noegs (http://home.wtal.de/noegs/gtm-handbuch.pdf). GTM-Pro gestattet noch die Einbindung von MS Exel Tabellen.

Das Programm »GPS 32«

GPS 32 ist ein Navigations-Programm zur Kommunikation eines GPS-Gerätes mit dem PC. Sie können sowohl BSB-Karten als auch kalibrierte, selbst gescannte Karten benutzen. Die Kalibrierung ist durch die Anbietung von Hilfslinien auch bei schief gescannten Karten möglich. Mit einem Mausklick werden Wegpunkte gesetzt. Mit den Funktionen »zum GPS senden« und »vom GPS empfangen« senden bzw. empfangen Sie Wegpunkte vom GPS-Empfänger , ebenso Routen. Allerdings wird dazu ein spezielles Kit benötigt, welches die Kommunikation zwischen dem GPS-Empfänger und dem PC garantiert. Die Datenverwaltung ist recht bescheiden, auch darf sich nur maximal eine Karte im Verzeichnis der gescannten Bilddateien befinden. Eine in der Anwendung eingeschränkte (kein Senden und Empfangen von Wegpunkten) Testversion finden Sie im Internet unter http://www.wkmh.tv/gps/gps32main.html

Ergänzende Programme

Programm/Internet	Beschreibung
PanaVue ImageAssembler http://www.panavue.com/products/index.htm	Programm zum zusammensetzen von gescannten Karten, englisch, kostenlose Testversion.
Panorama Factory http://www.panoramafactory.com/download.html	Mit der Software lassen sich Kartenausschnitte, die möglichst eine gleiche Höhe aufweisen sollten, einfach miteinander verbinden. V1.6 u.V2.3 Freeware, siehe Thomas Hasse http://noegs.de.tf/
G7ToWin http://www.gpsinformation.org/ronh/g7towin.zip	Das Programm unterstützt das Senden und Empfangen von Wegpunkten, Tracks und Routen sowie Bitmaps von Bildschirmkopien. englisch, Shareware.
Visual GPS http://www.visualgps.net/VisualGPS/	Darstellung der Satellitenverteilung (Höhe und Azimut) sowie der Signalstärke (dB), Interface Anschluß NMEA 4800 Baud, engl., Freeware

MapSource http://www..Garmin.com	MapSource ist der Oberbegriff einer Reihe von Kartensätzen, die Garmingeräte mit fest eingespeicherten Landkarten ergänzt und zusätzlich die Erstellung und Darstellung von Wegpunkten und Routen erlaubt.
Softtrax http://www.gps24.de/	Datenverwaltung, Darstellung von Wegpunkten Tracks, Routen auf Blanko-Karten oder »Marco-Polo Großer Reiseplaner, läuft auf eMap, eTrex-Geräten Summit, Benutzeroberfläche in deutsch, Testware.

13.5 Komplexe Programme

13.5.1 Das Programm »ttqv« Ein Programm, welches keine Wünsche offen läßt.

Touratech QV ist das gegenwärtig beste Komplexprogramm auf dem Markt. Einmalig ist die Nutzung der Top 10, Top50, Top 200 CD-Serie der Landesvermessungsämter der Version 2 bis 4, einschließlich deren Ortsdatenbanken und Höhendaten. Auch ein Support Forum zu Fragen von Touratech QV im Internet unter http://www.ttqv.com/indexd.html verdient seine Beachtung. Eine neue Ära begann mit der Einbindung von Vektorkarten, damit läßt sich das Touratech QV auch als Routenplaner mit Routenberechnung von Haus zu Haus benutzen. Im allgemeinen ist der Umfang der zur Verfügung stehenden Funktionen so umfangreich, daß hier nur eine Auswahl besprochen werden kann. Wie bei ähnlichen Programmen brauchen Sie die Koordinaten der Wegpunkte und Routen nicht mehr per Hand in den GPS-Empfänger eingeben. Ein Mausklick genügt und schon erscheinen sie in einer Liste. Genau so einfach ist die Erstellung von Routen und Tracks. Natürlich lassen sie sich auch zum GPS-Empfänger schicken. Umgekehrt erlaubt das Programm, die durchgeführte Wanderung vom GPS-Empfänger als Track zum PC zu überspielen. Anschließend kann man den Track als Animation auf der Karte abspielen oder als regenbogenfarbige Linie zeigen lassen, wobei jeder Farbe eine Geschwindigkeit zugerechnet wird. Wegpunkte, Tracks oder Routen von Freunden, die man auf einer Diskette oder E-Mail bekommt, können unkompliziert übernommen werden. Falls Sie keine Kopplung mit einem PC vorgesehen haben, kann das Programm recht hilfreich sein, nur müssen Sie eben die Wegpunkte per Hand eingeben.

Willkommene Zusatzoptionen sind Umfang und Flächenberechnungen, Visierung eines Geländepunktes von einem Wegpunkt. Erwähnenswert ist die bei vorhandenem Kartengitter einfache Kalibrierung gescannter Karten.

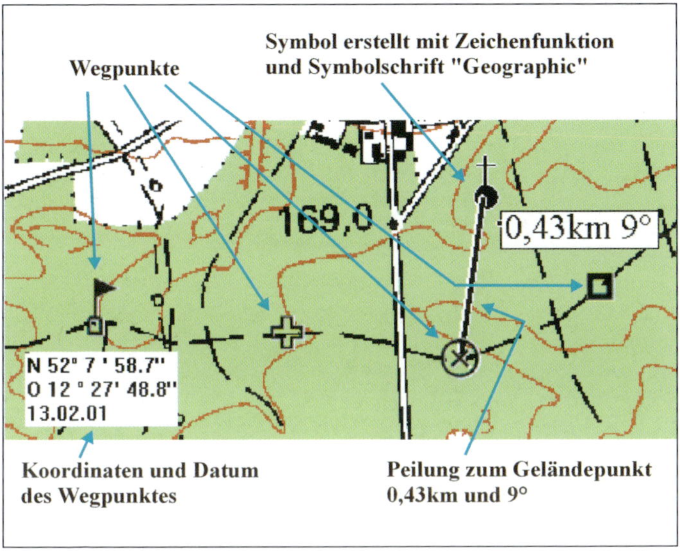

Bild 72 Touratech QV: Wegpunktdarstellung und Wegpunktvektoren (Peilung)

Der Touratech Roadbook-Editor erlaubt ohne großen Aufwand Touren und Strecken zu dokumentieren. Es ist damit einfach, eine vorbereitete Tour abzuwandern oder nachzufahren. Ideal geeignet für Wanderer, Orientierungsläufer, Fahrad- und Motorsportler. Wegen der unkomplizierten und schnellen Routenerstellung auch etwas für Sonntagswanderer.

Bequeme Eingabe der Wegpunkte

Wegpunkte lassen sich schnell, nach Aktivieren von »AutoNEW« und anschließendem Klicken mit der Maus erstellen. Eine Arbeitserleichterung ist die Vorgabe eines Präfix (Vorsilbe) mit automatischer Numerierung, z.B. für eine Wanderung zum Sauberg mit dem Präfax SB (**SB**0001...**SB**0028).

Gespeichert wird jeder Wegpunkt mit der Nummer, der Position im eingestellten Koordinatensystem sowie dem Zeitpunkt und dem Datum seiner Erstellung. Der Eintrag läßt sich jederzeit nach einer Markierung im Verzeichnis bearbeiten. Auch auf der Karte wird nach Aufrufen der Funktion »Schieben« ein nachträgliches Verschieben gewährleistet. Für das Symbol des Wegpunktes steht nach Eingabe des Empfängertyps eine mit dem Empfänger identische Symbolliste zur Verfügung.

Hilfreich sind die Wegpunkt Vektoren, bei diesen handelt es sich um eine Linie von ausgewählter Länge (in km) in eine ausgewählte Richtung (in Grad bezogen auf den magnetischen oder geographischen Nordpol). Damit läßt sich schon bei Planung der Wanderung die Visierung eines Landschaftspunktes von einem ausgewählten Wegpunkt simulieren (Bild 72).

Sämtliche Wegpunkte können unter Berücksichtigung der Empfängerkapazität zum GPS-Empfänger überspielt werden, jedoch ohne das Erstelldatum. Wurde bei der Einstellung der für den GPS-Empfänger zutreffende Satz von Symbolen ausgewählt, bleibt der Symbolcharakter erhalten.

Mühelose Zusammenstellung von Routen

Mit Touratech QV läßt sich eine Route aus einer Reihe von Wegpunkten recht schnell erstellen. Nach Drücken des Buttons »AutoNEW« will das Programm den Namen der Route wissen. Danach ist nur das Präfix (Vorsilbe) mit maximal 3 Buchstaben für die Routenpunkte einzugeben. Dieses Präfix wird mit der Route gespeichert und steht bei späteren Erweiterungen der Route zur Verfügung. Ein Mausklick auf der Karte und geschwind haben Sie einen Routenpunkt. Jeder Punkt wird sofort in die Routentabelle eingetragen. Bei Bedarf ist eine nachträgliche Bearbeitung gegeben.

Tracks und die Darstellung der aufgezeichneten Wanderung

Wie oben bereits im Kapitel 11.3.2 besprochen, kann der GPS-Empfänger die Wanderung als sogenannten »Tracks« aufzeichnen und zum PC überspielen. Eine Reihe von GPS-Empfängern

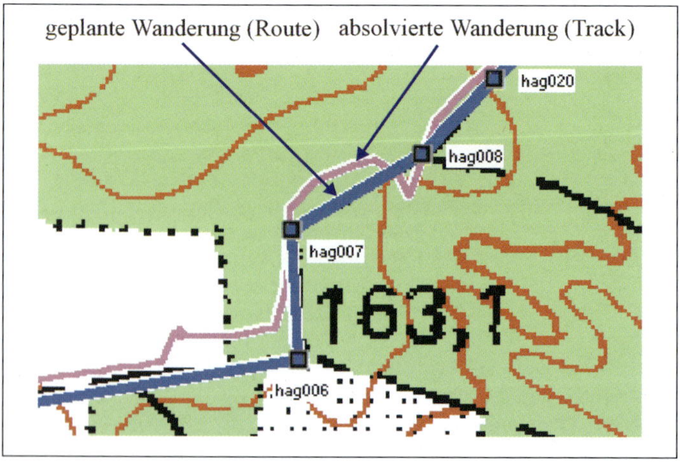

Bild 73 Touratech QV: Vergleich der als Route geplanten und der tatsächlichen Wanderung (Track)

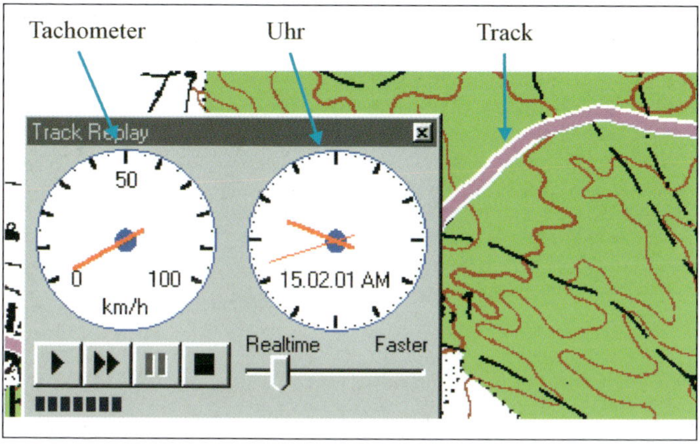

Bild 74 Touratech QV: Funktion *Track Replay*

speichern noch Zusatzinformationen, wie z.B. Datum/Uhrzeit, Geschwindigkeit und Höhe. Falls vorhanden, werden diese Daten ebenfalls überspielt. Genauso läßt sich ein Track mit dem Touratech QV erstellen und zum GPS-Empfänger senden.

Lohnend für den Nutzer ist ein Vergleich der in den GPS-Empfänger eingegebenen Route und der tatsächlichen Tour (Track). Weitere interessante Funktionen sind »Track Replay« und »Speed Colors«.

Die Funktion »Track Replay« spielt den vom GPS-Empfänger geholten Track als Animation in Echtzeit oder schneller auf der Karte ab, ein Tacho und eine Uhr zeigen dabei die exakten Werte an. Sie können nun beobachten, wann und wo Sie schneller oder langsamer gewandert bzw. gefahren sind. Eine Buttonleiste, ähnlich einem Videorecorder, dient zur Einstellung von »Start«, »Schneller Vorlauf«, »Pause« und »Stop«. Daneben regelt ein Schieberegler die Abspielgeschwindigkeit. Am unteren Fensterrand wirkt ein Fortschrittsbalken als Bandzähler.

Mit der Funktion »Speed Colors« wird ein Track farbig je nach gewanderter oder gefahrener Geschwindigkeit gezeichnet. Touratech QV errechnet die Geschwindigkeit und stellt die Farbe in Richtung zum nächsten Punkt auf der Tracklinie ein. Angenähert an die Regenbogenfarben (dunkelblau → blau → grün → gelb → rot → rotviolett) verändert sich die Farbe der Tracklinie mit zunehmender Geschwindigkeit in Richtung zum Rotviolett.

Datenverwaltung fast wie bei dem Windows-Explorer

Touratech QV speichert die Daten in Datenbanken. Die Verwaltung übernimmt der dem Windows Explorer entsprechende Touratech QV-X-plorer. Mit ihm lassen sich alle Daten anzeigen, bearbeiten, kopieren, verschieben und löschen. Wegpunkte, Routen und Tracks können mit dem GPS ausgetauscht oder von anderen Datenquellen importiert und wieder exportiert werden. Das Ordnen der Daten geschieht in einer dreistufigen Gliederung. Jeder Datensatz (Wegpunkt, Route, Karte etc.) wird in einer Tabelle gespeichert, jede Tabelle wird in einer Datenbank gespeichert und jede Datenbank wird in einem Verzeichnis auf der Festplatte gespeichert.

Kartenverwaltung

BSB-Karten, Karten der Top-CD-Serie und russische Generalstabskarten lassen sich direkt importieren, ebenso Routen aus Reiseplanern wie »Map & Guide 6. 1«, »Marco Polo Großer Reiseplaner«, »GPS-Navigator« und »Microsoft AutoRoute Express«.

Gescannte Karten im BMP-, PNG-, GIF-, JPG-, PCX-, KAP-, ECW- oder TIF- Format sind mit Ausgleich von Asymmetrien, Verschiebungen oder Verzerrungen leicht kalibrierbar. Dazu sieht das Programm je nach dem Kartenmaßstab eine 2x2 oder 3x3 Punkte Kalibrierung vor. Besitzt die Karte kein Gitter steht die Funktion »Freie Kalibrierung« bereit.

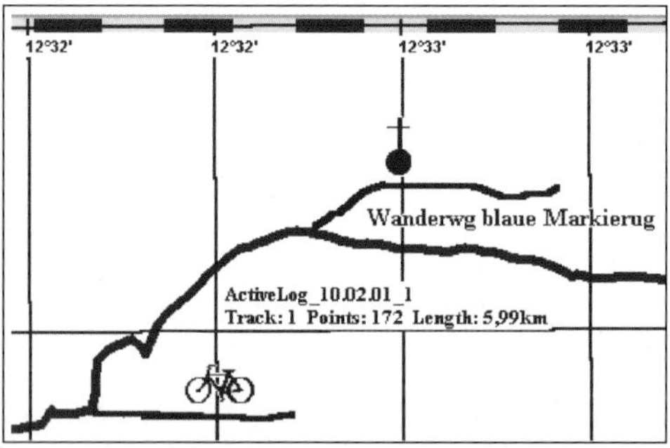

Bild 75 Touratech QV: Leerkarte

Sollte für die Tour keine Karte zur Verfügung stehen, lohnt es sich allemal den Track im GPS-Empfänger zu speichern und dann zum Touratech QV zu senden. Mit einer sogenannten »Leerkarte« läßt sich dann der Track mit den genauen Koordinaten darstellen, das Gitter wird im Menü »Datei« unter »Drucken« eingeblendet.

Die Zeichenfunktion erlaubt die Einzeichnung von Nebenwegen, die lästige Informationsanzeige entfernt man in der Zeichnungstabelle durch Löschen der Anzeige im Infofenster und die Umbenennung des Namens in einen Punkt oder ein Leerzeichen. Auch Symbole können Sie nach Aktivieren des Buttons »Stil« auswählen und von einer Symbolschrift z.B. GeographicSymbols holen.

Bei einer GPS-Abschattung hilft das Roadbook weiter

Unter einem Roadbook versteht man eine ausführliche Wegbeschreibung in Tabellenform, mit der sich eine Route problemlos abwandern bzw. abfahren läßt. Hilfreich ist das Roadbook, falls der GPS-Empfänger abgeschattet wird.

Ein Roadbook besteht aus einem Kopf, der allgemeine Informationen wie Namen und Beschreibung der Tour enthält, und einer beliebigen Anzahl von Zeilen. Jede Zeile beschreibt einen markanten Punkt auf der Strecke, z.B. eine Kreuzung, einen Abzweig, eine Sehenswürdigkeit oder eine Gefahrenstelle.

Mit dem Touratech QV erarbeitete Routen werden automatisch in ein neues Roadbook übertragen. Für jeden Routen Wegpunkt wird dabei ein eigenes Bild erstellt, mit dem Namen und den Zusatzinformationen des Wegpunktes sowie der Peilung vom letzten Wegpunkt. Manuell oder automatisch läßt sich jedes Bild durch den betreffenden Kartenausschnitt ergänzen.

Online-Betrieb

Voraussetzung für den Online-Betrieb ist die Verbindung von PC und GPS-Empfänger mit dem unter 12.2.2 beschriebenen Interfacekabel.

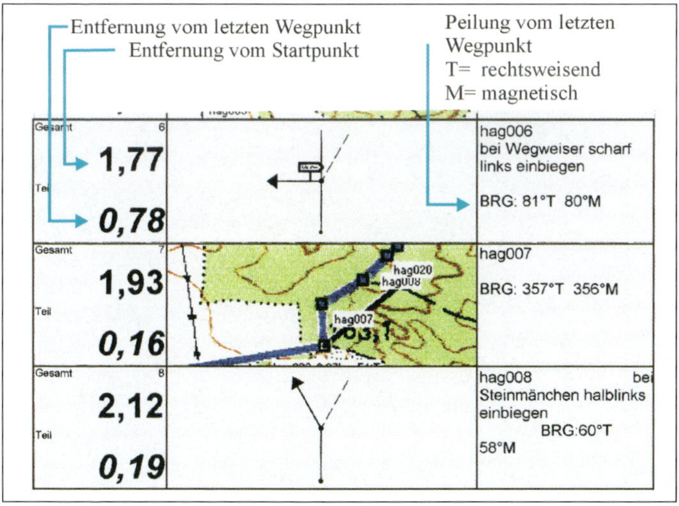

Bild 76 Touratech QV Routendarstellung im Roadbook

Zur Kontrolle des richtigen COM Anschlusses und der Bit Einstellung sollte zunächst eine Simulation erfolgen. Dazu ist das »System Setup« des GPS-Empfängers auf die Mode »Simulator«, das Interface auf »GRMN/GRMN« und die Baudrate auf 9600

Baud einzustellen. Anschließend wird auf der Positionsseite eine geeignete Position abgestimmt. Danach sollte sich auf der Karte das GPS Symbol zeigen und im großen Positionsfenster die simulierte Position und der Satellitenstatus dargestellt werden.

Nach erfolgreichem Abschluß ist sowohl bei dem GPS-Empfänger als auch im Touratech QV der Simulatormodus zu deaktivieren. Lief alles ohne Probleme ab, ist der Onlinebetrieb gewährleistet. Zur Zeit allerdings nur mit einem PC bzw. Laptop. Für die Zukunft ist Palm-Anschluß vorgesehen. Damit ergeben sich auch für den Wanderer völlig neue Aspekte.

Neue Funktionen erhöhen den Gebrauchswert

Eine wesentliche Neuerung ist der Gebrauch von Vektorkarten der Firmen Teleinfo und Teleatlas und der Top50 v3 Serie. Damit ist eine Routenplanung bis auf den Straßennamen, mitunter auch bis zur Hausnummer, in Europa möglich. Ebenso läßt sich ein Straßenrouting mit Berechnung der schnellsten oder kürzesten Fahrtstrecke nach Angabe von Start- und Zielpunkt durchführen. Sie können die Fahrtroute in den GPS-Empfänger überspielen oder als Roadbook ausdrucken.

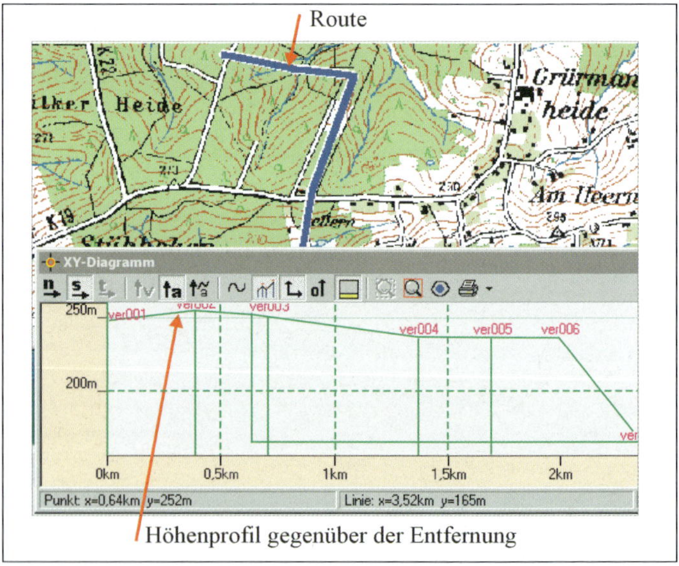

Bild 77 Touratech QV: XY-Diagramm der Höhendarstellung der Route

Einen bemerkenswerten Forschritt bedeutet die Einbeziehung der Höhendaten der Top50 v.3 Karten. Bei diesen zeigt schon der Mauszeiger die Höhendaten an. Jeder Wegpunkt wird dazu mit den Höhenangaben gespeichert. Dementsprechend auch die

Route. Sie sind nun in der Lage, eine Wanderung genau zu analysieren und zu entwerfen. Eine Hilfestellung gibt dabei die durch die Einbeziehung der Höhe und Beschleunigung wesentlich erweiterte Trackcolor Mode (vormals Speed Color). Noch anschaulicher wird es mit dem XY-Diagramm. Sie können sich die Höhe und Marschgeschwindigkeit gegenüber der Wegpunktnummer, der Entfernung und der Zeit graphisch anzeigen lassen. Auch eine Dreidimensionale Darstellung ist vorhanden.

Von Interesse sind die unter »Koordinate umrechnen« abrufbaren Zusatzinformationen eines Routenpunktes, Dämmerung, Sonnenaufgang, Sonnenuntergang, Mondaufgang, Monduntergang mit Mondphase für das aktuelle Datum am PC. Ein Meilenstein war der direkte Daten- und Kartenaustausch zwischen den Palmgeräten und PCs bzw. zwischen den Palmgeräten und GPS-Empfängern mit Hilfe des Programms >>PathAway<<.

Information

Information zu Touratech QV erhält man im Internet unter http://www.ttqv.com. Dort läßt sich auch eine zeitlich eingeschränkte kostenlose Demoversion laden.

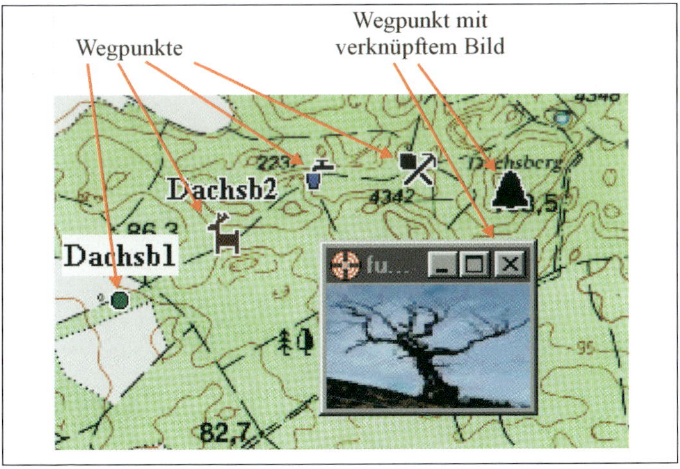

Bild 78 FUGAWI: Beispiele für die Wegpunktdarstellung

13.5.2 Das kanadische Komplexprogramm »FUGAWI« mit deutscher Menüführung

FUGAWI hat aufgeholt, ab der Version 3,2,553 lassen sich auch die Top50 Karten benutzen, freilich noch ohne Höhenangaben. Gleichermaßen ist ein überspielen von Karten, Wegpunkten usw. auf PDAs möglich. Holen Sie sich dazu das Update aus dem Internet.

Die Bedeutung des Programms zeigt sich vor allem darin, daß wie Touratech QV die Koordinaten der Wegpunkte und Routen nicht mehr mühevoll mit dem Planzeiger der Karte entnommen und dann per Hand in den GPS-Empfänger einzugeben sind. Ein einfacher Doppelklick mit der Maus auf einen Kartenpunkt und schon ist der Wegpunkt markiert. Durch ein Ziehen mit der Maus läßt sich problemlos eine Route erstellen. Sämtliche markierte Punkte werden als Wegpunkte, Routen oder Tracks in Listen geführt, gespeichert und verwaltet. Sie lassen sich leicht zum GPS-Empfänger überspielen, natürlich auch von dort holen. Zusatzoptionen wie Wegstreckenzähler, Peilung (magnetisch oder geographisch), Zeitsynchronisation etc. sind vorhanden.

Ein Mausklick erzeugt einen Wegpunkt

Wegpunkte entstehen durch Doppelklick mit der Maus oder durch Klicken bei gedrückter »Alt-Taste«. Jeder Wegpunkt wird mit einer Nummer, der Breite und Länge im Bezugssystems WGS84 und dem Zeitpunkt und Datum der Erstellung gespeichert. Die Schaltfläche »Bearbeiten« ermöglicht, den Namen, den Kommentar, das Symbol und die anderen Informationen des gewählten Wegpunkts zu ändern. Man kann einen Kommentar hinzufügen. Eine Beschreibung beliebiger Länge kann ebenfalls eingegeben werden. Das auf der Karte anzuzeigende Symbol ist aus einer Liste wählbar oder läßt sich erstellen. Weiterhin ist eine

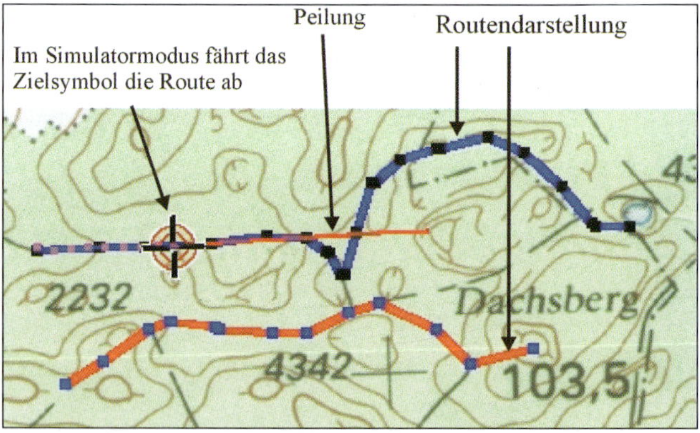

Bild 79 FUGAWI: Routendarstellung

Verknüpfung der Wegpunkte mit digitalen Bildern, Fotos und Wave-Dateien realisierbar. Ein Doppelklick mit der Maus auf einen verknüpften Wegpunkt zeigt das Bild oder spielt die Sounddatei ab.

Zusammenstellung von Routen mit der Freihandzeichnen-Methode

Zur Erstellung einer Route mit der Maus lassen sich die Wegpunkte per »drag & drop« verschieben.

Bei der Freihandzeichnen-Methode entstehen die Wegpunkte automatisch. Zuerst wird mit der Maus auf den Anfangspunkt einer Route geklickt. Entweder zieht man mit der Maus weiter oder klickt auf den nächsten Punkt. Sobald die Maus losgelassen wird, präsentieren sich Route und Zwischenpunkte. Falls ein Track (Wegaufzeichnung) aus einer vorangegangenen Wanderung gespeichert ist, läßt sich dieser bei geöffneter Routen- und Trackverwaltung per »drag & drop« in das Routenfenster ziehen. Ist die Route erstellt, können Sie im Simulatormodus längs einer Route navigieren, dabei erfolgt eine Anzeige des Steuerkurses, der Zeit, der Geschwindigkeit und der Reststrecke. Mühelos läßt sich die erstellte Route zum GPS-Empfänger senden oder vom GPS-Empfänger holen.

Tracks

Tracks können vom GPS-Empfänger geholt werden oder auf den Bildschirm erstellt und zum GPS-Empfänger gesendet werden.

Datenverwaltung

Die Verwaltung der Karten, Routen, Wegpunkte und Tracks ähneln dem Windows Explorer. Jedoch besitzen die Dateien ein internes binäres Format. Zur Verwendung der Daten in anderen Programmen sind die Daten als ASCII-Datei zu exportieren.

Kartenverwaltung

BSB-Karten können direkt importiert werden. Die Einbindung gescannter oder aus anderen Datenquellen importierter Karten ist mit Ausgleich von Asymmetrien, Verschiebungen oder Verzerrungen möglich. Kalibrierbar sind die Formate: BMP, PNG, GIF, JPG, PCX oder TIF, falls für die Karte die Koordinaten von drei Punkten vorliegen.

Online -Betrieb

Der Online-Betrieb PC mit GPS-Empfänger erfolgt wie unter 12.2.2 beschrieben.

Information

Information zu FUGAWI erhält man im Internet unter http://www.FUGAWI.de. Dort steht auch eine eingeschränkte, kostenlose Demoversion und ein Update zum Herunterladen bereit.

13.6 Software für PDAs

13.6.1 Übersicht

Wollen Sie nach der Karte wandern oder fahren und Ihr GPS-Empfänger besitzt keine Kartenanzeige so wäre der im Kapitel 12.4 beschriebene Online-Betrieb von GPS-Empfänger und PDA vorzuschlagen. Sie benötigen nur noch die entsprechende Software. Bei dieser sind zwei Gruppen zu unterscheiden. Die erste Gruppe wie z.B. PathAway oder FUGAWI benutzt die Rastergraphik. Damit lassen sich topographische Karten mit vielen Details auf den PDA übertra-gen. Also das Zutreffende für den Wanderer. Für eine automatische Routenplanung sind sie ungeeignet. Im Gegensatz dazu verwendet die zweite Gruppe wie Digimap die Vektorgraphik. Mit ihr ist eine au-tomatische Routenplanung von Haustür zu Haustür möglich. Aller-dings ist die Kartendarstellung mehr auf die Straßen bezogen und nicht mit einer topographischen Karte vergleichbar.

Unabhängig von der Einteilung arbeiten sämtliche Programme nach dem gleichen Prinzip. Zuerst wird auf dem PC mit dem Programm eine Karte ausgewählt und eine Route festgelegt, danach wird sie mit einem HotSync zum PDA geschickt. Bei der Fahrt oder Wan-derung werden die PDAs mit den GPS-Empfängern verbunden. Dabei sendet der GPS-Empfänger laufend seine Position zum PDA, die dann auf dem Kartendisplay zur Anzeige kommt.

Weiterhin ist die Typenverträglichkeit zu beachten. So laufen die Programme für einen Palm OS nicht auf einem Windows CE.

Von außerordentlicher Bedeutung ist die Übereinstimmung des Kartendatums der zum PDA gesendeten Karte mit der Einstellung des angeschlossenen GPS-Empfängers. Am besten es wird das Kartendatum gleich notiert, denn es steht auf dem PDAs nicht mehr zur Verfügung.

13.6.2 Software für Palm OS

Das richtige Programm zum Wandern und Trecking
>>PathAway<< (ttqv)

PathAWAY ist eine Palm-Software die ttqv ergänzt. Das Programm besitzt eine deutsche Menüführung, mit denen sämtliche mit ttqv darstellbare Karten wie die Top50 Karten oder gescannte Karten auf dem Palm übertragen werden. Dort steht dann eine echte Landkarte zur bereit. Auf ihr wird, vorausgesetzt der Palm ist mit dem GPS-Empfänger verbunden und aktiv, der jeweilige Standort angezeigt.

Bevor der Palm die Karten oder Datenbanken verarbeiten kann, müssen sie aufbereitet werden, dieses geschieht mit dem Programm ttqv. Sie senden einfach mit einem Klick auf >>Export nach PathA-way<< entweder den benutzen Kartenausschnitt einschließlich den dargestellten Objekten oder die im X-plorer ausgewählten Dateien mit einem HotSync zum Palm. Selbverständlich auch vom Palm zum PC. Sie können gleichermaßen die im BMP oder JPG Format vorliegen-den Karten mit dem Map Manager direkt zum Palm senden und erst dort kalibrieren, was freilich mit ttqv viel einfacher geht. Gleiches gilt für das Anlegen von Wegpunkten und Routen. Kann Ihr GPS-Empfänger nur einen Track speichern ist die Mehrfachspeicherung von Tracks auf dem PDA bestimmt von Interesse.

Schon auf dem PC, vor der Übertragung zum Palm legen Sie fest wie die Karte (mit oder ohne Gitter) auf dem Palm erscheinen soll. Gleichermaßen die Strichstärke der Routendarstellung. Zweckmäßig ist die automatische Erstellung einer Übersichtskarte mit einer Verkleinerung auf 25%. Zu überlegen wäre auch eine Farbreduzierung. Auf jeden Fall sollte der Schalter >>Komprimiert<< eingeschaltet bleiben.

Nach dem Übertragen der Karte steht diese für weitere Manipula-tionen zur Verfügung. Lassen Sie sich die Karte in der Vollansicht (größt mögliche Ansicht), Trackansicht (Karte mit Navigationsdaten), Ansicht Nächste Punkte (Karte mit Navigationsdaten zum nächsten Punkt), Routenansicht (Karte mit Navigationsdaten zum nächsten Routenpunkt) oder Wegpunktansicht (Karte mit Navigationsdaten zum nächsten Wegpunkt) anzeigen. Scrollen Sie Karte mit dem Stift. Fahren Sie mit dem Navigationssimulator die geplante Route schon vor Tour ab und beobachten dabei die Informationen der verschiede-nen Kartenansichten.

Haben Sie eine Karte übertragen und ist der GPS-Empfänger aktiv so wird die Position laufend angezeigt außerdem steht auf der Kartenseite eine ganze Palette von Instrumenten wie z.B. Anzeige der aktiven Satelliten, Kursanzeige, Höhe, Geschwindigkeit, Reisezeit, Ankunftszeit usw. zur Verfügung. Jede Anzeige ist nach eigenen Wünschen programmierbar. Ein Blick zum GPS-Empfänger erübrigt sich. Auf diese Weise kann der GPS-Empfänger, wie eine GPS-Maus benutzt und an einen beliebigen Ort, vielleicht auf dem Rucksack platziert werden.

Die Tour selbst läßt sich sowohl im GPS-Empfänger als auch im PDA speichern. Beachten Sie dabei die Speicherkapazität. Vermeidbar ist ein Überlaufen durch eine Anpassung des Trackintervalls. Stellen Sie bei der Tour fest, daß die angezeigte Position nicht der Tatsächlichen entspricht, so behebt die Kalibrierungsfeinpassung das Problem umgehend.

Auch mit >>FUGAWI für PDAs<< sind Sie gut bedient

Fugawi für Palm ist ab der Programmversion 3.0.3.75 ein fester Bestandteil von FUGAWI. Falls Sie Ihre FUGAWI Vollversion nach dem 1. September 2001 gekauft haben, erhalten Sie eine Aktivierungsnummer kostenlos, sonst liegt der Preis bei 39 €.

Im wesentlichen ähnelt es dem PathAway. Wie dieses bietet es eine tragbare Navigationsmöglichkeit, um die Welt zu erkunden. Es beinhaltet die Möglichkeiten und Funktionen des Hauptprogramms, verwendbar gleichermaßen für mobile Fachkräfte und

Outdoor Fanatiker, zum Navigieren im Großstadtdschungel oder auf abgeschiedenen Seen und Pisten.

Kartenausschnitte, Wegpunkte, Routen und Tracks können Sie von der FUGAWI Oberfläche einfach zu dem Palm übertragen. Ebenso vom Palm zum PC. Natürlich ist auch ein Onlinebetrieb mit einem GPS-Empfänger möglich. Zeigen Sie die Satelliteninformationen und Position auf Ihrem Palm an.

Immer seinen genauen Standort auf der Karte sehen; das Pro-gramm >>GPSPilot Atlas<<

>>GPSPilot Atlas<< von GPSPilot ist ein englisch geführtes Programm, mit denen gescannte Karten oder Karten von einigen Routenplanern auf dem Palm dargestellt werden. Auf ihr wird, bei angeschlossenem GPS-Empfänger der jeweilige Standort angezeigt. Der Nachteil des Programms liegt in der fehlenden Übertragungsmöglichkeit von Wegpunkten, Routen und Tracks. Dazu wird schon das Programm "GPS Topographer" benötigt.

Die Transformation in das Palm OS-Format geschieht mit dem kostenlosen Programm Cartographer, welches die im BMP-, JPG- oder GIF- Format gespeicherten Karten konvertiert, ohne daß die gescannten Karten auf dem Bildschirm erscheinen. Alles geschieht auf der Dateiebene. Somit ist es ratsam, die gescannten Karten vorher auf einem Bildbearbeitungsprogramm zu betrachten und eventuell zu bearbeiten. Eine mitunter vorliegende leichte Drehung der Karten sollten Sie hier korrigieren und auf eine exakte Ausrichtung nach Norden achten.

Besitzt Ihr Palm kein Farbdisplay, wäre eine Bildwandlung in ein Graustufenbild angebracht. Dazu wird die gescannte Karte im 8 Bit Graustufenformat als BMP gespeichert und mit dem Cartographer als 4 bit 16 color konvertiert. Denken Sie daran, daß bei dem Dezimalgrad und der Dezimalminute an Stelle des Kommas der Punkt zu setzen ist. Sind die Koordinaten unbekannt, kann die Karte später auf dem Palm mit dem Programm "GPSPilot Atlas" kalibriert werden. Das Kartendatum bleibt unberücksichtigt, Sie müssen es sich einfach merken und den GPS-Empfänger danach einstellen.

Nach einem Doppelklick auf die nun im PDB-Format abgelegte Karte wird sie mit einem HotSync zum Palm geschickt. Mit dem Start von >>GPSPilot Atlas<< auf dem Palm braucht aus einer Liste nur noch die zutreffende Karte ausgewählt zu werden. Auf ihr lassen sich zwar Wegpunkte setzen, jedoch wie gesagt ohne eine Übertragungsmöglichkeit zum GPS-Empfänger.

Eine Testversion von >>GPSPilot Atlas<< können Sie aus dem Internet unter http://www.gpspilot.com laden. Diese ist voll nutzbar, gestattet allerdings nur den Blick durch ein Schlüsselloch. Nach einer Registrierung entfällt das Schlüsselloch.

Ein Programm zum Datenaustausch zwischen dem GPS-Empfänger und Palm; Das Programm »GPSPilot Tracker »

Das Programm entspricht weitestgehend dem »GPSPilot Atlas«, nur erlaubt es Wegpunkte, Tracks und Routen zwischen dem GPS-Empfänger und Palm auszutauschen. Zusätzlich wird noch die Entfernung, der Soll- und Ist-Kurs zum nächsten Wegpunkt angezeigt.

Eine Demoversion, die sich im Internet unter http://www.gps-pilot.com befindet, gestattet auch hier nur den Blick durch's Schlüsselloch, Routen und Wegpunkte lassen sich mit der Testversion nicht speichern.

Ein Programm zum Datenaustausch zwischen dem Palm und dem PC; Das Programm »GPSPilot Topographer«

Mit diesem Programm sind Sie in der Lage die mit dem GPSPilot erstellten Wegpunkte auf dem PC zu verwalten und zu bearbeiten. Die auf dem Palm gespeicherte WP (sie sind auf dem Palm im Programm »Atlas« unter »database« zu finden) werden mit einem HotSync in den Ordner C:/Palm/[persönlicher Name wie auf dem Palm]/Backup z.B. C:/Palm/Maier/Backup im Format PDB übertragen, vorausgesetzt auf dem Palm ist die Funktion »Backup database« unter »Database« aktiviert. Nach dem Start von GPS Pilot Topographer wird die entsprechende PDB Datei geladen z.B. »GPS-Empfänger_Points.PDB« und in das txt-Format transformiert. Nach dem Start von MSWorks oder dem Text Editor (MSWord funktioniert nicht) kann die Datei dort bearbeitet werden. Nach einer Speicherung im »PDB« Format wird nach einem HotSync zum Palm gesendet. Bei einer Transformation in das TXT-Format lassen sich die WP mit dem Touratech QV auf der Karte darstellen.

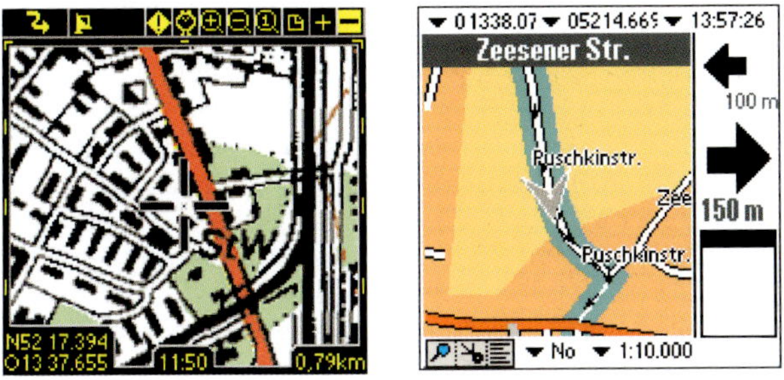

Path Away auf Palm   Digimap auf Palm

Bild 80 Darstellung von >>Path Away<< und >>Digimap<< auf dem Palm

Das Programm »DigiMap« führt Sie problemlos in den meisten Städten zum Ziel oder von Stadt zu Stadt, egal ob Sie zu Fuß, auf dem Fahrrad oder im Auto sind.

Ein leistungsfähiges Programm von Harald Körtge, welsches fast schon ein im Auto integriertes Navigationssystem ersetzen kann. Zur GPS-Navigation mit dem Palm stehen für Deutschland und auch für weite Teile Europas Vektorkarten zur Verfügung. Grundlage sind präzise NAVTECH Daten mit einer Garantie über mindestens 97%-ige Genauigkeit der ausgelieferten Daten.

Zur Planung von Routen auf dem Palm oder PC sind zunächst individuelle Karten auf dem PC einzurichten. Für das Routen über mehrere Karten empfiehlt es sich, eine Übersichtskarte für ganz Deutschland zu erstellen - diese dann mit dem Detaillevel >>ohne Landstraßen<< zum Palm zu senden.

Eine Planung von Straße zu Straße ist möglich. Sie können anschließend die ausgewählten Karten zur Speicherkarte des Palms senden, sollten aber dabei beachten, daß DigiMap nur den Hauptspeicher benutzt. Die gesendete Karte + 400 KB sollte nicht größer als der freie Platz des Hauptspeichers sein. Liegt sie darüber, ist ein kleinerer Kartenausschnitt zu wählen.

Eine Rotenplanung läßt sich innerhalb des gewählten Kartenausschnittes sowohl auf dem Palm als auch dem PC bewerkstelligen. Wobei das Anlegen der Route auf dem PC schneller geht. Nach Überspielen der ausgewählten Karte mit einem Hotsync zum Palm können Sie auch dort Ihre Route mit dem >>Suchen Dialog<< anlegen. Zweckmäßiger Weise fahren Sie vorher die Route ab, dazu wird im >>Hilfe Menü<< der Eintrag <<DEMO-MODUS<< aktiviert. Danach zeigt Ihnen DigiMap in der Kartenansicht die Route blinkend mit Richtungspfeilen auf dem Palm an. Zudem ist die Straße, auf die DigiMap Sie routet, farbig hinterlegt. Daneben erhalten Sie Informationen über die Entfernung des nächsten Manövers durch die Angabe der Entfernung und der Richtung, wobei ein Geradeauspfeil anzeigt, daß sich der Straßenname ändert und einen Fortschrittsbalken, der mit abnehmendem Abstand zum Manöverpunkt kleiner wird.

Falls Sie einen sprachfähigen Palm und eine SD/Memorystick Karte und die entsprechenden Sprachdateien installiert haben, hören Sie Sprachanweisungen anstelle der akustischen Signale.

Im praktischen Gebrauch wird der GPS-Empfänger über ein Modemkabel mit dem Palm zu verbunden und das Interface auf NMEA/NMEA 4800 Baud eingestellt. Ist alles richtig ausgewählt und empfängt der GPS-Empfänger die Satellitensignale rollt unter >>GPS Einrichten<< das NEMA-Protokoll ab.

Sehen Sie in Sie in das Wegbeschreibungsfenster. Dort erhalten Sie wie bei einem Roadbook Informationen über Abbiegungen und Straßen.

Besitzen Sie ttqv so lassen sich von dort routing-fähige Vektor-Kartenausschnitte nach DigiMap überspielen, ebenso Routen. Auch das umgekehrte Verfahren ist machbar. Besonders interessant die gemeinsame Nutzung der NAVTECH-Karten, die mit DigiMap erworben wurden. Unter http://www.digi-map.de läßt sich eine Testversion laden.

Ein Navigationsprogramm für Fußgänger und Fahrzeuge; Das Programm >>Mapviewer<<

Eine Zweiteilung zwischen dem PC und dem Palm ist nicht gegeben, daraus resultiert ein außergewöhnlich hoher Platzbedarf für die Karten. Das Programm unterstützt nur die Navigation in den Städten. Wollen Sie von einer Stadt zur anderen Stadt gelangen eignet sich das Programm nicht. Innerhalb der Stadt werden die Straßen sehr genau mitunter bis zu den Hausnummern angezeigt.

Die Stärke von Mapviewer liegt vor allem in der graphischen Darstellung und schnellem Bildaufbau. Es verfügt über aktuelle Kartendaten und 11.000 Stadtpläne von Deutschland, Österreich und der Schweiz. Ein Wegbeschreibungsfenster ist nicht vorhanden. Auf der Route bewegt sich nur ein kleines Kreuz, welches eigentlich ständig zu beobachten wäre, was natürlich nicht immer geht. Nützlich ist die Wahl eines Modus für Fahrzeuge und Fußgänger.

Information: Eine Demoversion ist unter http://www. science-software.com/MapViewer.asp ladbar.

Ein preiswerter Reiseplaner auch mit PDA Anbindung, der >>Marco Polo Großer Reiseplaner<<

Der >>Große Reiseplaner<< aus der MARCO POLO-Familie ist eine Komplettlösung zur Reise-, Routen- und Freizeitplanung, führend unter den preiswerten Reisplanern. Das Kartenmaterial stammt aus der mobilen Fahrzeugnavigation und ist in GPS-Qualität. Auch kleine Orte in Deutschland und der Schweiz sind stadtplangenau digitalisiert. Weglisten in unterschiedlichen Detailstufen mit Kreuzungsbildern sowie individuelle Kartenausschnitte sind druck- und exportierbar z.B. als Text-Datei auch nach ttqv. Die auf einen Palm exportierten Vektorkarten können auch mit einem GPS-Empfänger gekoppelt werden und zeigen die Position an.

Weiter Merkmale sind: Straßengenaue Eingabe von Start-/Zielort mit bis zu 50 Zwischenstationen, fahrzeugspezifische Geschwindigkeitsprofile. Innerstädtische POI wie Parkplätze, Tankstellen

Parkhäuser, Sehenswürdigkeiten, Denkmäler, Verkehrs- und Touristikämter, Opern- und Festspielhäuser, Kinos, Erlebnisbäder, Freizeitparks, Tierparks, Sport- und Fußballstadien ergänzen die Einbindung von TOP50-Karten.

Information: http://195.226.106.155/DE/index2.asp

Mit dem Programm »GPilotS« können Sie den Speicher Ihres GPS-Empfängers erweitern.

Ebenfalls ein kostenloses Programm von Christian Claveleira mit denen Sie Wegpunkte einschließlich ihrer Symbole, Routen und Tracks vom GPS-Empfänger(Garmin) oder vom PC zum Palm senden oder empfangen können. Der Palm dient dabei als Zwischenspeicher und organisiert die Verwaltung.

Die vom PC oder GPS-Empfänger übertragenen Wegpunkte lassen sich dann auf dem Palm bezüglich des Namens, der Koordinaten, der Kommentare, Kartendatums und der Symbole editieren. Ebenso ist eine Neueingabe möglich, sogar eine Umwandlung in Referenzpunkte. Eine nach mehreren Gesichtpunkten durchführbare Sortierung erleichtert es. Eingelesene Routenpunkte sind löschbar oder lassen sich neu erstellen. Weiterhin sind Sie in der Lage, Tracks auf einer Leerkarte graphisch darzustellen.

Die Übertragung vom PC zum Palm erfolgt im »Host Modus«, dem Sie oben auf dem Palmdisplay unter »GPS« finden. Für Datenaustausch zwischen dem GPS-Empfänger und dem Palm ist dagegen »Upload« oder »Download« zu wählen. Schließlich können Sie auch noch die Zeit zwischen dem Palm und dem GPS-Empfänger synchronisieren.

Eine Version von GPilotS läßt sich aus dem Internet unter http://www.freewarepalm.com/communication/gpilots.shtml holen.

Verschiedene Programme für Palm OS3

Programm/Internet	Beschreibung
jogMAN http://shakti.trincoll.edu/~lkleinbe/palm/	Ein nützliches, kostenloses Programm in Englisch für Läufer und andere Sportler von Luke Klein-Berndt. Es analysiert bei angeschlossenem GPS-Empfänger (NMEA/NMEA 4800 Baud) den Lauf hinsichtlich der Geschwindigkeit, der Laufstrecke und der verbrauchten Kalorien.
gpsTIME http://shakti.trincoll.edu/~lkleinbe/palm/	Das kostenlose, in Englisch vorliegende Programm von Luke Klein-Berndt synchronisiert die Zeit von einem Palm mit dem GPS-Empfänger. Damit steht die außerordentlich genaue GPS-Zeit auch dem Palm Nutzer zur Verfügung, vorausgesetzt der GPS-Empfänger (NMEA/NMEA 4800 Baud) ist mit dem Palm verbunden.

Programm/Internet	Beschreibung
Sun Compass V3.4 http://www.jawer.de/pilot/tjhomed.htm	Ein Programm von Thomas Jawer, welches zwar nicht direkt mit dem GPS zu tun hat, aber wohl mit der Navigation. Mit dem Programm läßt sich Norden an Hand des Sonnenstandes bestimmen. Zusätzlich werden die Sonnenauf- und Untergangszeit, Azimut und Höhenwinkel ausgegeben. Eingeschränkte Testversion, Registrierungsgebühr, deutsch

13.6.3 Software für Windows Ce

Mit dem Programm »OziExplorerCe« können Sie nach Ihren gescannten Karten wandern

Im Aufbau entspricht das Programm in etwa dem Programm »GPS-Atlas« für Palm OS3, also kein Routenplaner im eigentlichen Sinn.

Damit die gescannten Karten verarbeitet werden, müssen sie in einem gängigen Bildformat wie BMP, TIF, JPG usw. vorliegen. Danach sind sie in das OZF bzw. OZF2 Format zu konvertieren. Dazu ist das Programm »img2ozf.exe« von der WWW-Seite http://www.powerup.com.au/~lornew/oziexplorerce.html zu laden. Schließlich muß die Karte noch kalibriert werden. Dieses geschieht mit der PC-Version von »OziExplorerCE«. Trotz gewisser Einschränkungen (z.B. automatisches Programmende nach einer Stunde Betriebszeit) reicht meist die kostenlose »Trial Version« aus, die Sie aus dem Internet unter http://www.oziexplorer.com/ laden können. Beachten Sie, daß das Komma bei Dezimalminuten durch einen Punkt zu ersetzen ist. Ein Kartendatum wird nicht verlangt. Auf jeden Fall sollten Sie es sich aber von der gescannten Karte merken und danach den GPS-Empfänger einstellen. Kalibrierte Files erhalten die Endung »map«. Liegt die Karte im BSB Format vor, erübrigt sich eine Kalibrierung.

Zur Navigation wird der GPS-Empfänger wie oben beschrieben, mit dem Pocket PC verbunden und das NEMEA-Protokoll (RMC, GGA und GLL) eingestellt. Befindet sich die richtige Karte auf dem Display des Pocket PCs, zeigt das Fadenkreuz der GPS-Anzeige auf den aktuellen Standort. Darüber hinaus wird die Geschwindigkeit und der Kurs- und Peilungswinkel ausgegeben. An dieser Stelle können Sie auch einen Wegpunkt erzeugen. Weiterhin ist ein Speichern und Laden von Tracks machbar. Eine zeitlich begrenzte kostenlose Testversion ist aus dem Internet unter http://www.oziexplorer.com/

Fast schon ein vollwertiges Navigationssystem, das Programm »P1 von Distefora«

In seinem Leistungsumfang nähert es sich den klassischen Fahrzeug-Navigationssystemen. Eine Sprachausgabe, Karten- oder Pfeildarstellung führt Sie zum Ziel. Grundlage ist eine digitalisierte Deutschlandkarte. Wie üblich gibt es ein Programm für den Laptop (PC) und für den Pocket PC. Das Programm bietet folgende Features: Exakte Positionsberechnung mit GPS und MapSnapping , Zielführung per Sprachausgabe und Bildschirmanzeige (Pfeil- oder Kartendarstellung). Information und ein ladbares Handbuch finden Sie im Internet unter http://www.distefora.de.

13.6.4 Software für PSION Geräte

Ein einfacher Routenplaner >>TomTom Route Planer<<

Das Programm in mittlerer Preislage benutzt nur den PDA und ergänzt TomTom CytyMaps. Eine GPS-Anbindung ist vorhanden.

Geben Sie nur, die ersten Buchstaben einer Adresse, Postleitzahl oder Straße ein, und in Sekundenschnelle wird die Position auf der Karte ange-zeigt. Sagen Sie dem Programm oder tippen Sie mit dem Stift ein, wo die Tour anfangen und enden soll, und welche Orte Sie unterwegs besuchen möchten. Nach der Berechnung wird die schnellste oder kürzeste Route, die Entfernung und die geschätzte Fahrzeit schrittweise beschrieben und auf der Karte angezeigt.

Informationen im Internet unter http://www.tomtom.com.

Ersetzt jeden Stadtplan >>TomTom Cytimaps<<

Man bezeichnet ihn als kleinen Bruder des Navigators. Das Programm ersetzt praktisch den Stadtplan und hat allerhand zu bieten. Ein Routing zwischen Städten ist allerdings nicht möglich.

Zunächst werden auf dem PC die gewünschten Stadtpläne ausgewählt und dann zu den PDA gesendet. Dort stehen die stark komprimierten Karten (1 - 4 MB) für Routenberechnung zur Verfügung. Nach Eingabe des Ziels, ausgehend vom gegenwärtigen Standort wird die schnellste und oder kürzeste Route ermittelt, dabei ist gleich, ob Sie mit dem Auto oder zu Fuß unterwegs sind. Bei der Fahrt kann man sich entweder die Karten-ansicht, die Tabellenansicht oder eine geteilte Ansicht anschauen. Das Programm zeigt Entfernung und Richtung des nächsten Abbiegens an. Bestimmte Straßen oder Bereiche können auf Wunsch vermieden werden. Nachteilig ist das Fehlen einer Pfeildarstellung.

Informationen im Internet unter http://www.tomtom.com.

Etwas für die Profis die Spitzenprogramme
>>Mobile Navigator<< und >>TomTom Navigator<<

Der >>Mobile Navigator<< (etwa 600-650€) bietet alles was von einem Routenprogramm erwartet wird, angefangen von der Routenplanung von Hausnummer zu Hausnummer, Sprachausgabe, Berücksichtigung von ak-tuellen Verkehrsnachrichten bis hin zum elektronischen Fahrtenbuch. Wichtige Funktionen von

>>TomTom Navigator<< (etwa 400€) sind Sprachausgabe, Tür-zu-Tür-Navigation, Zugriff auf eine Outlook-Kontaktdatenbank, Berechnung von Alternativrouten sowie eine große Zahl vorgegebener Points of Interest.

14 Das leidliche Problem, die Abschattung der Satellitensignale

Jede Navigation mit dem GPS-Empfänger setzt einen freien Empfang der Satellitensignale voraus. Werden diese abgeschattet, läßt sich keine Navigation mehr durchführen. In der Tat, die Frage der Abschattung ist das Hauptproblem bei der Anwendung der GPS-Navigation.

Als Verursacher der Abschattungen kommen dichte Wälder, Häuserschluchten, Gebäude und Gebirgsschluchten in Betracht. Je nach den Umweltbedingungen ist dabei zwischen einer Vollabschattung und Teilabschattungen zu unterscheiden.

- Vollabschattungen treten, abgesehen von umschlossenen Räumen, besonders in dichten Wäldern auf.
- Zu Teilabschattungen kommt es in Gebirgs- und Häuserschluchten.

Bild 81 Zu ergreifende Maßnahmen bei Gefahr einer Vollabschattung

Im allgemeinen gilt, daß Beton und Eisen den Empfang stark beeinträchtigen, dagegen ein nicht allzu dichtes Laubdach, Nebel und Regen den Empfang wenig stören.

14.1 Die Vollabschattung

Bei einer Vollabschattung ist der GPS-Empfänger nutzlos. Sie müssen nun zu anderen Hilfsmitteln wie dem Kompaß und der Karte greifen. Kritisch wird es, falls Sie bei der Tour den Ausfall nicht bemerken. Deshalb, wie oben besprochen, bei der Tour des öfteren zur Satellitenseite blättern.

Besteht die Wahrscheinlichkeit einer Vollabschattung (dichter Wald), so sollten Sie:

- den GPS einschalten und ihn im Normalmodus betreiben,
- den Standort mit der Markierungsfunktion markieren und auf der Karte suchen,
- den Kompaß auf den angezeigten Peilungswinkel (Kurswinkel) zum nächsten Wegpunkt einstellen.

Sobald ein Empfang (Wegkreuzungen, Schneisen) möglich erscheint, stehen bleiben und versuchen, den GPS-Empfänger zu initialisieren. Danach den Standort auf der Karte ermitteln (Kapitel 8.4) und den vermutlich nächsten Wegpunkt mit der Goto-Funktion anpeilen. Zur Sicherheit übertragen Sie den angezeigten Peilungswinkel auf den Kompaß.

14.2 Die Teilabschattung

Besteht die Gefahr einer Teilabschattung, läßt sich bei Kenntnis der Navstar-Satelliten-Parameter die Tour zeitlich schon so weit optimieren, daß die Ausfallzeiten der Satellitensignale zu akzeptieren sind.

Die Vorgehensweise erklärt sich am besten an einem Beispiel. So sollte am 18.11.01 zwischen 8:00 und 12:00 Uhr eine Wanderung durch ein Gebirgstal stattfinden. Die Frage war, stehen für diesen Zeitraum noch genügend Satelliten zur Verfügung oder ist ein anderer Zeitraum günstiger? Zur Beantwortung der Frage wurde wie weiter unten beschrieben, ein Polardiagramm der Satellitensichtbarkeit angefertigt. Danach stehen für den ganzen Zeitraum die Satelliten 08 und 13 zur Verfügung. Der Satellit 27 verschwindet zwar hinter den Bergen, dafür erscheint 02 und 07. Eine zweidimensionale Ortung wäre gesichert, allerdings ohne eine glaubwürdige Höhenanzeige.

Spätestens jetzt werden Sie die berechtigte Frage nach der Herkunft der Satelliten-Parameter stellen. Auch hier hat das Internet etwas zu bieten und zwar auf der Internetseite von GIBS (Bundesamt für Kartographie und Geodäsie Außenstelle Leipzig) http://gibs.leipzig.Ifag.de/cgi-bin/.

Nach Aufrufen der Seite im Internet ist der Button »Programme« → »Satelliten Sichtbarkeit« zu drücken und in den erscheinenden Feldern die Standortparameter einzugeben sowie das

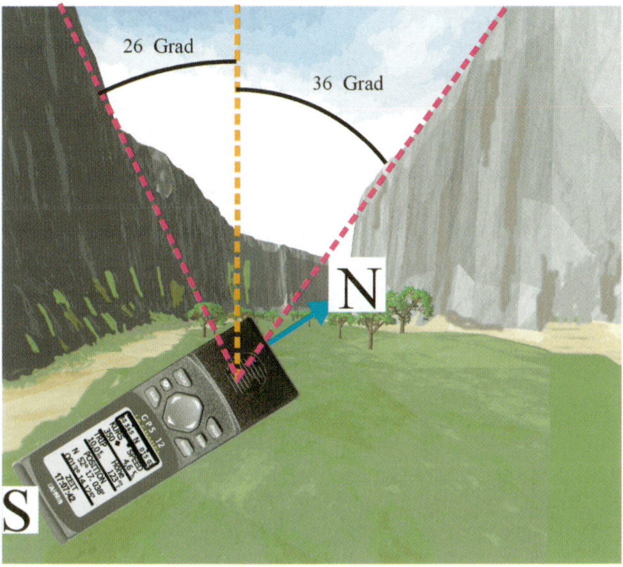

Teilabschattung in einem Gebirgstal

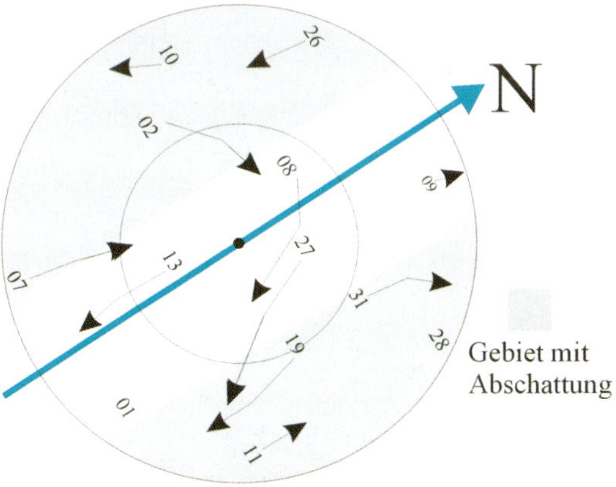

Navstarsatelliten Konstellation am 18.11.01
zwischen 9:00 und 10:00 Uhr

Bild 82 Teilabschattung in einem Gebirgstal und die Auswirkung auf die Satellitensichtbarkeit

Feld »Azimut und Elevation« zu markieren. Berücksichtigen Sie, daß die Eingabe der geographischen Länge nicht wie üblich als östliche oder westliche Länge (jeweils bis 180°), sondern als Vollkreis bis 360° erfolgt. Bei einer östlichen Länge ergeben sich keine Unterschiede. Die westliche Länge W_L ist entsprechend *Länge = (180–WL$_l$)+180* umzurechnen. Desgleichen erhält die südliche Breite ein negatives Vorzeichen.

Bewegung der Satelliten 9 und 14
zwischen 0:30 und 1:30 Uhr

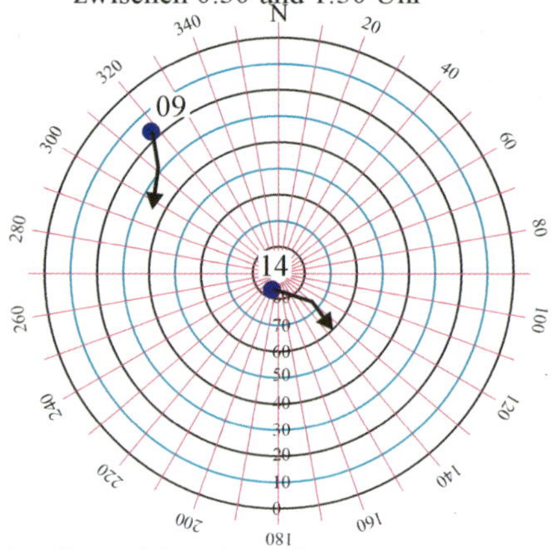

Satellitensichtbarkeitstabelle von GIPS Leipzig

```
==================================================================
I GPS-CMPGN I         GPS          VISIBILITY LISTING
==================================================================
I LATITUDE : N   52 12 30.000
I LONGITUDE: E    9 14 16.000
I EL-HEIGHT:          200.000                                   EI
------------------------------------------------------------------
I TIME    I                            VISIBLE SATELLITE
I (UT)    I      9        10        11        13        14
------------------------------------------------------------------
I  0: 0 I  288 76
I  0:30 I  181 88                                    318 19
I  1: 0 I  132 75                                    311 29
I  1:30 I  136 60                                    299 36
```

Bild 83 Eintragung der Satellitensichtbarkeit in das Polardiagramm

In der nach der Eingabe erscheinenden Liste, die sich ausdrucken läßt, wird die Sichtbarkeit der Satelliten für den gewählten Tag aufgelistet. Dabei steht immer zuerst das Azimut und dann die Höhe. Wie bei den Geodäten üblich beginnt die Zählung des Azimuts im Norden mit 0°. Nun benötigen Sie noch ein Polardiagramm zum Eintragen der Satelliten-Koordinaten. Dazu kopieren Sie das Polardiagramm von der Bild 84 und tragen danach die Koordinaten in 30 Minutenabstand oder Stundentakt ein.

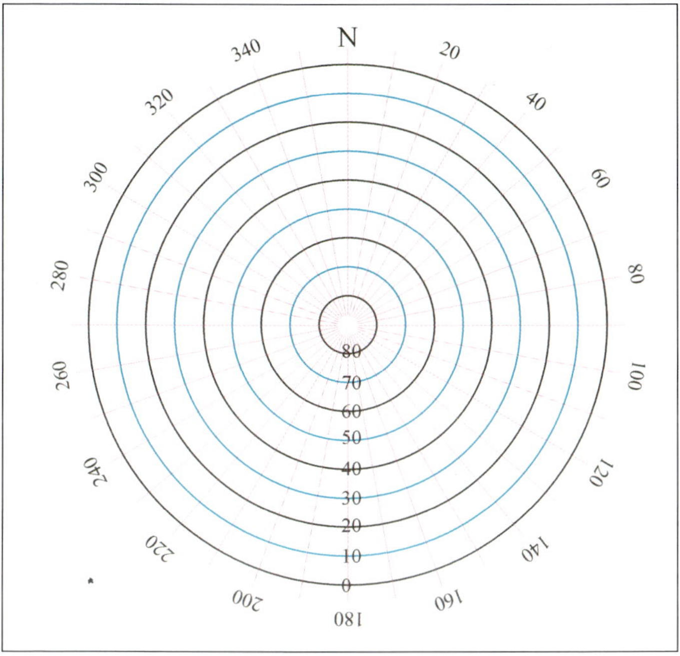

Bild 84 Polardiagramm zum Eintragen der Satellitensichtbarkeit

Am besten Sie probieren das Verfahren gleich einmal aus. Dazu ist der GPS-Empfänger im »Simulator Modus« zu betreiben. Auf der Positionsseite werden die Koordinaten abgelesen und im Internet auf der GIBS-Seite einschließlich des aktuellen Datums eingegeben. Nach Eintragen der Werte in das Polardiagramm sollte die Darstellung der Satellitenseite des GPS-Empfängers gleichen.

15 Das DGPS

Der Grundgedanke des DGPS beruht darauf, daß eine genau vermessene, stationäre Referenzstation in das GPS-System einbezogen wird. Die Referenzstation selbst besitzt einen GPS-Empfänger. Demnach existieren nun zwei Empfänger, der GPS-Empfänger des Nutzers und der Referenzempfänger. Beide empfangen die gleichen fehlerhaften Signale. Da aber der Referenzempfänger seine genaue Position kennt, kann er schnell die

Größe des Positionsfehlers ermitteln. Diese Differenz wird nun über eine Funkverbindung in Echtzeit zum Nutzempfänger übertragen, der mit Hilfe der Werte seine eigene Position entsprechend korrigiert. Allerdings kann, abgesehen von Kombinationsgeräten, der GPS-Empfänger die Signale nicht auswerten, dazu benötigt er einen zusätzlichen DGPS-Empfänger. Dieser decodiert die in Form des seriellen RTCM104 Protokolls verschickten Daten und leitet sie weiter zu dem angeschlossenen GPS-Empfänger. Das RTCM104 Protokoll ist international gebräuchlich, so daß es die meisten GPS-Empfänger mit einer seriellen Schnittstelle auch verarbeiten können. Darunter auch der klassische GPS 12 von Garmin.

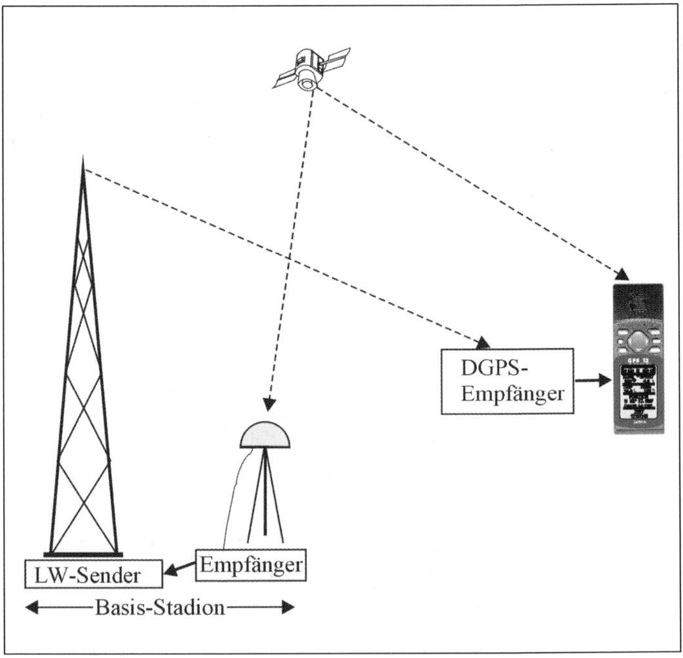

Bild 85 Grundprinzip des DGPS

Nach Anschluß des DGPS-Empfängers an einen GPS-Empfänger bekommt dieser genau wie vorher seine Positionsdaten, nur sind sie jetzt präziser als ohne DGPS. Die Positionsgenauigkeit, die man mit dem DGPS-System erreichen kann, liegt bei weniger als einem Meter. Wertet man die Phase der Trägerfrequenz mit aus, sind Positionsbestimmungen im Zentimeterbereich möglich. Natürlich beanspruchen diese Genauigkeiten nur

Spezialisten. Wer braucht schon eine Metergenauigkeit, wenn auf der 1:25 000 Karte 1 Meter 0,04 Millimeter entspricht? Deshalb wird ein üblicher Nutzer nach Abschaltung des Select Country kaum noch mit dem DGPS arbeiten. Beabsichtigen Sie das DGPS zu nutzen, so müssen Sie sich einen nicht gerade billigen und relativ schweren DGPS-Empfänger anschaffen. Also, kaum etwas zum Wandern.

16 Handelsübliche GPS-Empfänger – was kann man damit anfangen und welcher Empfänger ist der richtige?

16.1 Welcher GPS-Empfänger ist der richtige?

Die Auswahl eines GPS-Empfängers richtet sich im Wesentlichen nach dem gewünschten Einsatzzweck. Eine erste Auswahleigenschaft ist die Bauform. Unterschieden wird hier zwischen im Fahrzeug integrierten Geräten, Geräten für den mobilen Einsatz, Handgeräten, GPS-Mäusen und GPS-Empfängerboards. Davon stellen die Handgeräte den Hauptanteil. Neben den universellen Handgeräten gibt es auch eine Reihe von speziellen Geräten z.B. für eine Seeanwendung, zum Angeln, für Ballonfahrer, Radfahrer u.s.w.

Generell existiert kein allseitig, empfehlenswerter GPS-Empfänger. Es kommt zum einen auf den Anwendungszweck und zum anderen auf die zur Verfügung stehenden Mittel an. Der Sonntagswanderer, der nur ab und zu den GPS-Empfänger benutzt, kann schon mit dem Garmin Geko 101 viel anfangen. Für einen Motorsportler wäre dagegen der Garmin eMAP der richtige. Ein Hauptkriterium ist der Preis, und hier heißt es aufpassen. Es lohnt sich in jedem Fall, bei den einzelnen Händlern nachzufragen oder einfach im Internet nachzusehen. Vor allem, da es keinen grundsätzlich günstigen Anbieter gibt. Bei dem einen ist ein bestimmtes Modell günstig bei dem nächsten wieder ein anderes Modell. Achten Sie bei einem Vergleich auf das mitgelieferte und im Preis eingeschlossene Zubehör.

Besitzen Sie einen PC, sollten Sie in jedem Fall an einen GPS-Empfänger mit einer PC-Schnittstelle denken. Vorteile bieten auch GPS-Empfänger mit programmierbaren POI Punkten. Auf jeden Fall sollten sie den Empfang von Waas/Egnos ermöglichen. Achten Sie aber darauf, daß der GPS-Empfänger einen Simulationsmodus besitzt.

Ein Farbdisplay ist sinnvoll, falls Sie einen GPS-Empfänger mit integrierten Karten benutzen. Bearbeiten Sie auf der Kartenseite nicht mehrere Routen oder Tracks gleichzeitig, reicht ein Graustufen oder Schwarz/Weiß – Display aus.

Beabsichtigen Sie den GPS-Empfänger vorwiegend zur Straßennavigation einzusetzen, wäre ein externer Antennenanschluß zweckmäßig. Für diese Anwendung eignen sich besonders GPS-Empfänger mit einer fest eingebauten Basemap/Datenbase bzw. Karte oder, wenn es etwas mehr kosten kann, mit zusätzlichen Datenkarten. Zum Wandern oder Trekking reicht die Detailgenauigkeit nicht aus. Hier sind nur gescannte Karten bzw. die Top50 Karten der Landesvermessungsämter gefragt. Man kann bei derartiger Nutzung ohne weiteres auf Karten und Datenbasen verzichten.

Recht praktisch ist ein akustischer Alarm, Sie brauchen nicht ständig die Anzeige zu beobachten, sondern werden akustisch bei Annäherung auf einen Wegpunkt oder ein Ziel aufmerksam gemacht.

Für einen Bergsteiger könnte ein eingebauter barometrischer Höhenmesser interessant sein, besonders da die Wegpunkte und Kursaufzeichnungspunkte mit Höhendaten abgespeichert werden. Ein eingebauter Kompaß ist nicht nötig. Besser Sie benutzen einen zusätzlichen Kompaß.

Sind Sie ein Motorrad- oder Wintersportler, wäre ein Handhabungstest mit Handschuen angebracht, zu kleine und zu enge Tasten könnten Probleme bereiten. Auch eine praktische Schwimmprüfung von schwimmfähigen GPS-Empfängern ist zweckmäßig, nicht immer halten die Angaben was sie versprechen. Beteiligen Sie sich an der weltweiten Schatzsuche (www.geocaching.de) sollte der GPS-Empfänger schon die Sekunden bei den Koordinaten (Grad:Minute:Sekunde) mit einer Stelle nach dem Komma anzeigen.

Erfahrungsgemäß reichen 20 speicherbare Routen mit je 30 Wegpunkten aus, vor allem wenn der GPS-Empfänger sich mit dem PC koppeln läßt. Nicht unwichtig ist die Anzahl der notwendigen Batterien und deren Standzeit.

Die bei einigen GPS-Empfängern vorhandene Darstellung des Sonnen- und Mondlaufs kommt keineswegs nur Anglern zugute, sie hilft auch der Orientierung bei einer Vollabschattung der Satellitensignale.

Da oft die deutsche Menüführung sehr schlecht übersetzt wurde, sollte sie kein Kriterium für die Anschaffung eines GPS-Empfängers sein. Wichtiger wäre ein deutsches Handbuch.

Der Anbieter mit dem umfangreichsten Angebot von GPS-Empfängern ist die Garmin Corporation. Weitere Hersteller sind die Magellan Corporation, Lowrence, MLR und Silva.

Tabelle 10 Welcher GPS-Empfänger ist der richtige?

	Preis etwa in €	Wanderer	Fahradfahrer	Bergsteiger	Trecking abseits	Fahrzeug PKW	Motorrad	Wassesport	Angeln
eMap	320	s	s	g	s	ge	g	ge	s
eTrex	150	g	g	g	s	b	ge	ge	
eTrex Legend	280	s	s	g	s	ge	g	ge	s
eTrex Summit	270	g	g	s	s	b	ge	ge	s
eTrex Venture	250	g	g	g	s	b	g	ge	s
eTrex Vista	420	s	s	s	s	ge	g	ge	s
Geko 101	170	g	b	g	s	b	ge	ge	
Geko 201	200	g	b	g	s	b	ge	ge	
Geko 301	350	g	g	g	s	b	ge	ge	
GPS 12	200	g	g	g	s	b	ge	ge	
GPS 12XL	400	g	g	g	s	b	g	ge	
GPS 72	260	g	g	g	s	b	g	ge	
GPS 76	330	g	s	g	s	ge	g	ge	s
GPS IIplus	390	g	g	g	s	b	g	ge	
GPS IIIplus	520	s	g	g	s	ge	g	ge	s
GPS Map76	500	s	s	s	s	ge	s	ge	
Nav Talk	700	s	g	g	s	s	s	ge	s
Magellan									
GPS 310	140	g	g	s	g	b	ge	g	
GPS 320	290	g	g	g	s	b	b	s	
Meridian Platium	480	s	s	s	s	g	g	g	
Sportrak	200	g	s	g	g	b	g	ge	s
Sportrak Color	510	s	s	s	s	s	s	ge	s
Sportrak Map	290	s	s	g	s	g	g	ge	s
Sportrak Pro	400	s	s	g	s	s	g	ge	

s = sehr geeignet g = gut geeignet ge = geeignet b = bedingt geeignet

16.2 Handelsübliche GPS-Empfänger

Tabelle 11 Eigenschaften von GPS-Empfängern

	Display	Displaygröße	Pixel	Batterien	Batteriestandzeit	Gewicht mit Batterien	Zusatzantenne	Basemap
eMap	gr	4,2x5,6	120x160	2	14	190	+	+
eTrex	gr	2,7x5,4	64x128	2	22	150	-	-
eTrex Legend	gr	2,7x5,4	160x228	2	18	150	-	+
eTrex Summit	gr	2,7x5,4	64x128	2	16	150	-	-
eTrex Venture	gr	2,7x5,4	160x288	2	20	150	-	-
eTrex Vista	gr	2,7x5,4	160x288	2	12	150	-	+
Geko 101	gr	2,4x3,8	64x100	2	12	88	-	-
Geko 201	gr	2,4x3,8	64x100	2	12	88	-	-
Geko 301	gr	2,4x3,8	64x100	2	10	96	-	-
GPS 12	sw	3,8x5,6	64x100	4	24	270	-	-
GPS 12XL	sw	3,8x5,6	64x100	5	24	270	+	-
GPS 72	gr	4,1x5,6	120x160	2	16	215	-	-
GPS 76	gr	4,1x5,6	180x240	2	18	225	+	+
GPS IIplus	sw	5,6x3,8	100x64	4	24	255	+	-
GPS IIIplus	gr	5,6x3,8	160x100	4	24	255	+	+
Magellan								
GPS 310	sw	5,2x3,9	seg	2	20	174	-	-
GPS 320	gr	5,3x3,5	104x160	2	15	175	-	+
Meridian Plati.	gr	4,5x5,6	120x160	2	15	225		+
Sportrak	gr	3,6x5,8	104x160	2	14	170		+
Sportrak Color	fa	3,7x5,6	160x240	2	14	170		
Sportrak Map	gr	3,6x5,8	104x160	2	14	170		
Sportrak Pro	gr	3,6x5,8	104x160	2	14	170		

sw = Schwarz/Weiß gr = Grausufen fa = Farbe

Tabelle 11 Fortsetzung

	Datenbanken	Wegpunkte	Routen	Tracks Aufzeichnung	barometrische Höhe	Kompaß	Speicher	Egnos/Waas
eMap	+	500	50/50	10/250	-	-	+	-
eTrex	-	500	1/50	10/125	-	-	-	-
eTrex Legend	+	1000	20/125	10/750	-	-	+	+
eTrex Summit	-	500	20/50	10/500	+	+	+	-
eTrex Venture	+	500	20/50	10/250	-	-	+	+
eTrex Vista	-	1000	20/125	10/750	+	+	+	+
Geko 101	-	250	-	1	-	-	-	-
Geko 201	-	500	20/125	10/250	-	-	+	+
Geko 301	-	500	20/125	10/500	+	+	+	+
GPS 12	-	500	20/30	1/1024	-	-	-	-
GPS 12XL	+	500	20/30	1/1024	-	-	+	-
GPS 72	+	500	50/50	10/250	-	-	+	+
GPS 76	+	500	50/50	10/250	-	-	+	+
GPS IIplus	+	500	20/30	1/1024	-	-	-	-
GPS IIIplus	+	500	20/30	10/225	-	-	-	-
Magellan								
GPS 310	-	100	1/10		-	-	-	
GPS 320	+	500	20/20	1200	-	-	+	
Meridian Plati.		500	20	2000	+	+	+	
Sportrak	+	500	20	2000	-	-	+	+
Sportrak Color		500	20	2000	+	+	+	+
Sportrak Map		500	20	2000	-	-	+	
Sportrak Pro		500	20	2000	-	-	+	

16.3 Sonderformen

Keine richtige Maus, die GPS-Maus

Die GPS-Maus ähnelt im äußeren Erscheinungsbild einer PC-Maus, daher auch der Name. Im Prinzip handelt es sich um eine einfache GPS-Antenne, die sich auf dem Dach des Fahrzeugs anbringen läßt. Sie besitzt ein fest vergossenes Gehäuse, sollte wasserdicht sein - was aber nicht immer der Fall ist- und verfügt über einen Magnetfuß. Den Strom bezieht die GPS-Maus vom Bordnetz. Im Handel sind Mäuse für Landanwendungen und für Marineanwendungen. Auch gibt es GPS-Mäuse sowohl für den Laptop als auch für die PDAs. Eine GPS-Maus benötigt immer, und das ist ihr großer Nachtteil, eine Auswerte- und Anzeigeeinheit.

Der GPS Campanion macht aus dem Palm einen GPS-Navigator mit Kartendarstellung.

Im Grunde genommen ist der GPS Companion von Magellan eine GPS Maus, die an der Rückseite (Clip-On-Board) des Palm-PDA befestigt wird. Der PDA wird auf diese Weise zu einem vollwertigen GPS-Empfänger mit einem 12-Kanal-Empfang. Durch einen direkten Kontakt des Palm mit der GPS-Antenne Companion entsteht eine Einheit. Lästige Kabel entfallen. Allerdings muß im Auto nun der Empfänger und der Palm an einer Stelle untergebracht werden, was nicht jederzeit günstig ist. Auf der anderen Seite bietet es Biker und Wanderer große Vorteile.

Die beiden zu beziehenden Programme >>TomTom Cytimaps<< und >>TomTom Route Planer<< gestatten eine Routenplanung per PKW, Fahrrad oder zu Fuß. Alle wichtigen Navigationsdaten wie Position, Geschwindigkeit, Distanz und Richtung, zurückgelegte Strecke, Ankunftszeit usw. werden im Palm-Display angezeigt. Die meisten Palm GPS Kartenprogramme sind mit dem Magellan GPS Companion kompatibel.

Garmin iQue, der erste PDA mit integriertem GPS-Empfänger

Mit seinem hochauflösenden Display und Palm Betriebssystem bietet er alle Funktionen eines modernen PDAs wie Terminplaner, Kalender, Aufgabenliste, Adreßbuch, das mit geographischen Positionsdaten (Länge, Breite und Wegpunktsymbol) ergänzt werden kann. Damit kann der iQue die Adresse auch auf der Karte zeigen, die beste Route dorthin automatisch berechnen und Sie dann auf dem Display und per Sprachausgabe direkt hin führen. Das mit 480 x 320 Bildpunkten und 65000 Farben extrem fein auflösende Display ermöglicht eine gestochen scharfe und detailreiche Darstellung der Karten.

Tabelle 12 noch Magellan, MLR und Silva Geräte:

Modell	Basemap/Datenbase	integrierte Karten	Datenkarten	Wegpunkte	Routen	Kursaufzeichnung Meßpunkte	Alarmton	barometrische Höhe	Kompaß	Speicher MB	Mondphasen
Magellan											
GPS 300	-	-	-	100	1/10	-	-	-	-	-	-
GPS Blazer	-	-	-	100	1/10	-	-	-	-	-	-
GPS 310	-	-	-	100	1/10	-	-	-	-	-	-
GPS 315	+	-	-	500	20/30	+	-	-	-	-	+
GPS 320	+	-	-	500	20/30	1200	+	-	-	-	+
GPS MAP410	+	+	-	500	20/30		-	-	-	-	-
GPS MAP 330	+	+	-	500	20/30		-	-	-	8	+
MLR											
SP24	+	-	-	500	20/20		-	-	-	-	-
SP24 XC	+	-	-	500	20/20		-	-	-	-	-
Silva											
Navigator	+	-	-	1000	10/100		-	+	+	-	-

Erwähnenswert wäre noch die CASIO Uhr PRT-2 mit integriertem GPS-Empfänger und der Magellan Companion, eine GPS-Antenne für den Palm.

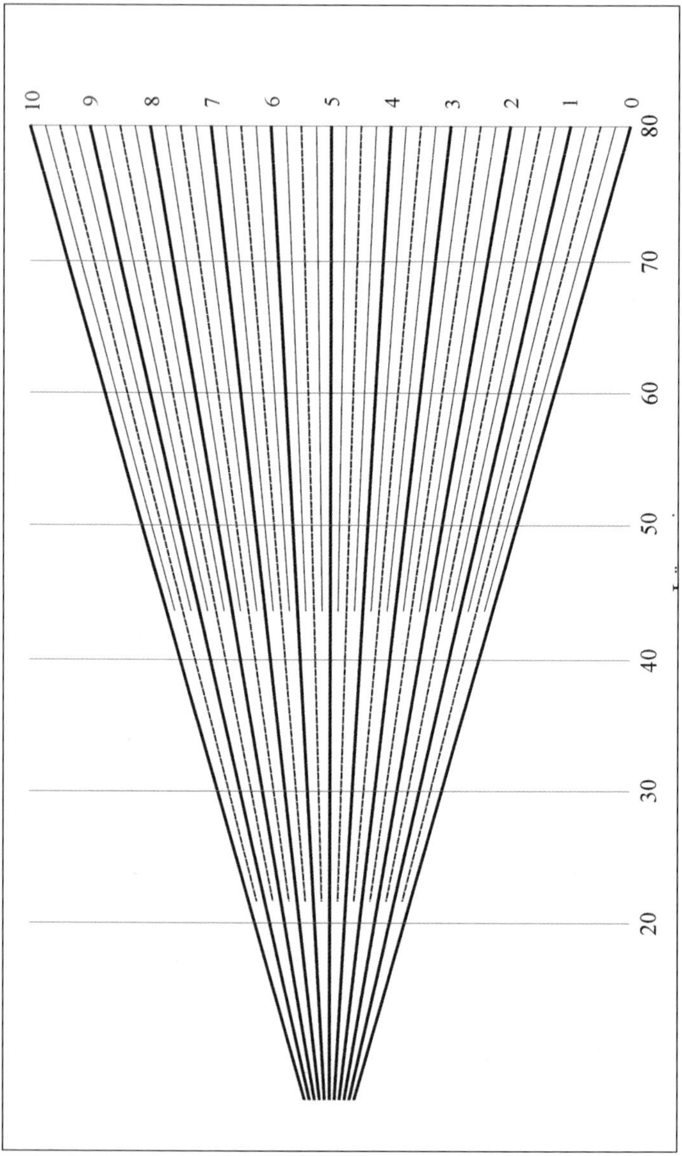

Bild 86 Streckenteiler zur Herstellung eines Planzeigers

17 Anhang

17.1 Herstellung eines Planzeigers

Bei der Auswahl von Wegpunkten aus der Karte benutzt man am besten einen Planzeiger. Besitzt die Karte ein geodätisches Gitter, z.B. das UTM, so geht es mühelos. Soll der Planzeiger bei einer 1:25 000 Karte im Abstand von 50 m einen Markierungsstrich erhalten, so müssen Sie entsprechend der Formel

$$\text{Markierungsstrich (mm)} = \frac{100\,000 \cdot \text{Meter}}{\text{Kartenmaßstab} \cdot 100}$$

alle 2 mm einen Strich ziehen.

$$2 \text{ mm} = \frac{100\,000 \cdot 50}{25\,000 \cdot 100}$$

Einfacher geht es mit dem Streckenteiler. Sie brauchen den Schenkel nur an der Stelle anzulegen (Bild 86), wo der Abstand zwischen der 0-Linie und 10-Linie genau *100 000/25 000 · 10 = 40 mm* beträgt.

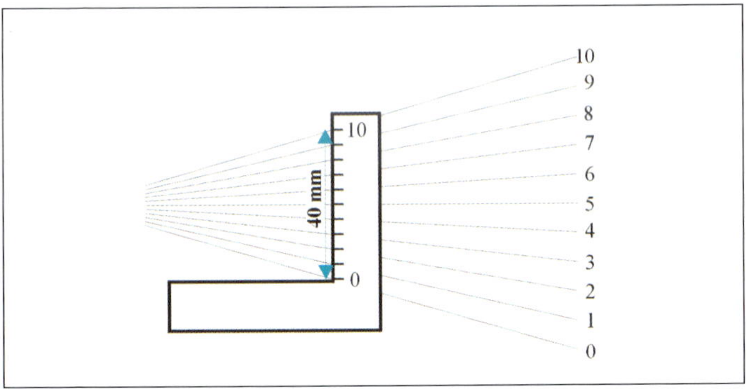

Bild 87 Skalierung der Achse eines Planzeigers für das geodätische Netz

Besitzt Ihre Karte ein geographisches Gitter, wird es etwas komplizierte, da die X-und Y-Schenkel des Planzeigers eine unterschiedliche Teilung erhalten, wobei die Teilung des X-Schenkels noch von der geographischen Breite abhängt. Auch diesmal bewährt sich der Streckenteiler. Zuerst ist aber noch die Länge der Minutenfelder zu berechnen.

$$\text{Y-Achse (mm)} = \frac{1{,}852 \cdot 100\,000 \cdot 10}{\text{Maßstabzahl}}$$

$$\text{X-Achse (mm)} = \frac{1{,}852 \cdot 100\,000 \cdot 10 \cdot \cos(\text{Breite})}{\text{Maßstabzahl}}$$

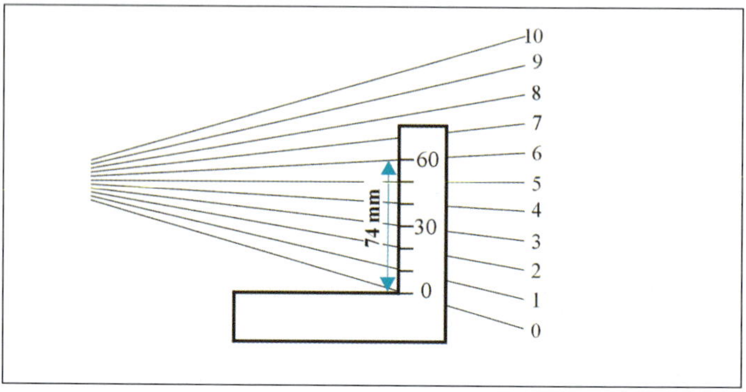

Bild 88 Skalierung der Achse eines Planzeigers für das geographische Netz (Sekunden)

Bei einer 1:25 000 Karte und einer geographischen Breite von 51,5° ergibt sich für die Y-Achse (Breite) *1,852 · 100 000 · 10/100 000 = 74 mm* und für die X-Achse (Länge) *1,852 · 100 000 · 10 · cos (51,5)/100 000 = 46 mm*. Danach werden die Schenkel des Planzeigers entsprechend der berechneten Länge nun zwischen der 0-Linie und 6-Linie angelegt (Bild 88). Die Striche entsprechen dann den Sekunden.

17.2 Erklärung der Abkürzungen und Glosar

Abkürzung	Bedeutung	Beschreibung
ALT	Altitude	Höhe (über dem Meer)
AVSPD	Average Speed	Durchschnittsgeschwindigkeit
BACKTRACK	Backtrack	Zurückverfolgung des Weges
BAT	Battery	Batterie (Ladezustand)
BRG	Bearing	Peilungswinkel zum Ziel bzw. Wegpunkt
CDI	Course Deviation Indicator	Kursabweichungsanzeiger bzw. Kursabweichungsvorgabe
CLR	Clear	Löschen
CMG	Course Made Good	in Richtung zum Ziel zurückgelegte Wegstrecke
COG	Course Over Ground	aktueller Kurs über Grund
CONTRAST		Displaykontrast
CRS	Course	Sollkurs
CTS	Course to Steer	vorgeschlagener Kurs zum nächsten Wegpunkt
DEG	Degree	Grad
DIS	Distance	Entfernung zwischen dem Standort und einem ausgewählten Wegpunkt.

Abkürzung	Bedeutung	Beschreibung
DOP	Dilution of Precision	Maß für die Genauigkeitsverschlechterung durch ungünstige Satellitengeometrie.
DST	Distance	Entfernung zwischen dem Standort und einem ausgewählten Wegpunkt.
DTK	Desired Track	Sollkurs
ELPSD	Elapsed Time	Gesamtzeit von Beginn der Messung
EPE	Estimated Position Error	geschätzter Fehler bei der Positionsbestimmung
ETA	Estimated Time of Arrival	voraussichtliche Ankunftszeit
ETE	Estimated Time En Route	verbleibende Zeit bis zum Wegpunkt/Ziel
EZSTART		Empfänger initialisieren
FIX	Position Fix Quality	Gütezahl der geschätzten Genauigkeit der errechneten Position.
FOM		Gütezahl der geschätzten Genauigkeit der errechneten Position.
GMT	Greenwich Mean Time	Westeuropäische Zeit
GOTO	Go to	Befehl zum Ansteuern eines gewählten Zieles.
GRID		geodätisches Gitter
GS	Ground Speed	Geschwindigkeit über Grund.
HDG	Heading	aktueller Kurs, wird auch für magnetische Kursabweichung benutzt
HOURS		Zeiteinstellung 24 oder 12h
INV	Inverting a Route	Route umkehren
KPH /KH	Kilometer per Hour	Kilometer pro Stunde
KTS	Knots	Knoten
LAT	Latitude	geographische Breite
LIGHT		Hintergrundbeleuchtungszeit
LMK	Landmark	entspricht Wegpunkt WPT
LON	Longitude	geographische Länge
MAGNETIC NORTH	Magnetic North	magnetisch Nord
MAP	Map	Karte
MESSAGES	Messages	Meldung
MOB	Man Over Board	Funktion um im Notfall den Standort und den Kurs dorthin zurück zu speichern.
MP	Map Datum	Kartendatum
MXSPD	Maximum Speed	Höchstgeschwindigkeit

Abkürzung	Bedeutung	Beschreibung
NEARST WPTS	Nearest Waypoints	nächster Wegpunkt
NM/nm	Nautical Mile	Seemeile
Offset		Zeitversatz
PAN		Feld zum Verschieben der Kartenseite
PLG		Peilungswinkel zum Ziel bzw. Wegpunkt
Power Save		Stromsparen
PROXIMITY WPTS	Proximity Waypoints	Annäherungswegpunkt
RECORD	Record	Aufzeichnung
REF	Reference Waypoints	Referenzwegpunkt
RENAME	Rename	Umbenennung
ROUTES	Routes	Routen
SMG	Speed Made Good	Geschwindigkeit über Grund
SOA	Speed of Advance	entspricht VMG
SPD	Speed	Geschwindigkeit
STAY ON		Dauerbeleuchtung
TIME		aktuelle Zeit
TRIP	Trip Odometer	Summe der zurückgelegten Wegstrecke seit der letzten Rückstellung.
TRK	Track	aktueller Kurs, entspricht HDG.
TRUE NORTH	True North	rechtweisend Nord, geographisch Nord
TT	True Track	rechtweisender Kurs (in Relation zu geographisch Nord)
TTG	Time to Go	verbleibende Zeit bis zum Wegpunkt/Ziel entspricht ETE.
TTIME	Trip Timer	Reisezeitzähler (Gesamtzeit seit der letzten Rückstellung der Durchschnittsgeschwindigkeit)
UT	Universal Time	Bezugszeit des GPS (entspricht GMT)
VMG	Velocity Made Good	gutgemachte Geschwindigkeit (Geschwindigkeit, mit der man sich dem nächsten Zielpunkt nähert.)
WPT	Waypoint	Wegpunkt
WRAP	Wrap	füllen mit Umbruch
XTE	Cross Track Error	Kursabweichung, Querabstand vom Sollkurs

17.3 Verzeichnis von Herstellern

Hersteller

Alan GPS-Empfänger, Alan Electronics GmbH, Daimlerstr. 1 k, 63303 Dreieich, Internet: http://www.alan-germany.com

Garmin GPS-Empfänger, Garmin Geräte und Software GPS GmbH, Lochhamer Schlag 5a, 82166 Gräfelfing bei München, Internet: http://www.garmin.de/

Lowrance GPS-Empfänger, Becker Technik, Werkstraße 8, 22880 Wedel, Internet: http://www.Lowrance.com

Magellan GPS-Empfänger, Ferropilot GmbH, Siemensstraße 35, 25462 Rellingen, Internet: http://www.ferropilot.de

MLR GPS-Empfänger, Nordwest-Funk, Polderweg 18, 26723 Emden, Internet: http://www.nordwest-funk.de/

Silva GPS-Empfänger, Internet: http://www.silva.se

Zubehör

Taschen für GPS-Empfänger: AQUAMAN Deutschland GmbH, Donaliesstr. 2, 31675 Bückeburg, Internet: http://www.aquapac.de

Kabel für Palmgeräte: Carsten Kurz, Fasanenweg 38a, 50259 Pulheim, Internet: http://www.gpskabel.de

Händler

Compass-Yachtzubehör Handels GmbH & Co, Lüdinghauser Str. 34, 59387 Ascheberg, Internet: http://www.compass24.de

UNITRONIC GmbH & Co. KG, Mündelheimer Weg 9, 40472 Düsseldorf, Internet: http://www.gps-mobil.de/index.htm

Därr, Theresienstr. 66, 80333 München, Internet: http://www.daerr.de

Globetrotter Ausrüstung Denart und Lechhart GmbH, Burgkoppelstieg 12, 22145 Hamburg, Internet: http://www.Globetrotter.de

GPS-SHOP, CLOWN VERSAND Gerd Wichmann, Simrockstr. 17, 22587 Hamburg, Internet: http://www.gps-shop.com

Casio GPS-Uhr, Megatime Internet:
http://www.megatime.de/uhren/gps.htm

Stichwortverzeichnis
(Seitenzahl)

KOMPASS
NR.1 FÜR WANDERKARTEN
KOMPASS
GPS ROUTENPLANER
Sylt
DIGITALE OUT
FUGAWI
GARMIN
KOMPASS
GPS ROUTENPLANER
Salzkammergut Nord
GPS
DIGITALE OUTDOORKARTE
FUGAWI
GARMIN
KOMPASS
Wanderbuch 998
Wallis
KOMPASS
Wanderbuch 942
Mallorca
Wolfgang Heitzmann
Tourenkarten
Höhenprofile
Wandertipps
KOMPASS
Großer Wander-Atlas
ALPEN
DEUTSCHLAND · ÖSTERREICH · ITALIEN
120 Erlebnistouren
mit Wanderskizzen
und 300 Fotos
www.kompass.at
Outdoor-Orientierung

KOMPASS
Nr. 1 für Wanderkarten
Ganz nah
an der Natur
KOMPASS
Naturführer
Pilze
KOMPASS
Naturführer
Wiesenblumen
70 Farbfotos
Illustrationen
Farbleitsystem
www.kompass.at
KOMPASS
Naturführer
Singvögel
70 Farbfotos
Illustrationen
Farbleitsystem
www.kompass.at
Outdoor-Orientierung

KOMPASS

GPS ROUTENPLANER

Entdecken Sie die Welt der digitalen Karten

- Distanzen auf einen Blick
- Zoomen bis zum Maßstab 1:10 000
- Individueller Kartenausdruck

www.kompass.at

Outdoor-Orientierung